Zur Einführung.

Die Werkstattbücher werden das Gesamtgebiet der Werkstattstechnik in kurzen selbständigen Einzeldarstellungen behandeln; anerkannte Fachleute und tüchtige Praktiker bieten hier das Beste aus ihrem Arbeitsfeld, um ihre Fachgenossen schnell und gründlich in die Betriebspraxis einzuführen.

So unentbehrlich für den Betrieb eine gute Organisation ist, so können die höchsten Leistungen doch nur erzielt werden, wenn möglichst viele im Betrieb auch geistig mitarbeiten und die Begabten ihre schöpferische Kraft nutzen. Um ein solches Zusammenarbeiten zu fördern, wendet diese Sammlung sich an alle in der Werkstatt Tätigen, vom vorwärtsstrebenden Arbeiter bis zum Ingenieur.

Die „Werkstattbücher" werden wissenschaftlich und betriebstechnisch auf der Höhe stehen, dabei aber im besten Sinne gemeinverständlich sein und keine andere technische Schulung voraussetzen als die des praktischen Betriebes.

Indem die Sammlung so den einzelnen zu fördern sucht, wird sie dem Betrieb als Ganzem nutzen und damit auch der deutschen technischen Arbeit im Wettbewerb der Völker.

Bisher sind erschienen:

Heft 1: **Gewindeschneiden.** 7.—12. Tausd. Von Obering. O. Müller.

Heft 2: **Meßtechnik.** Zweite, verbesserte Auflage. (7.—14. Tausend.) Von Professor Dr. techn. M. Kurrein.

Heft 3: **Das Anreißen in Maschinenbauwerkstätten.** 7.—12. Tausend. Von Ing. H. Frangenheim.

Heft 4: **Wechselräderberechnung für Drehbänke.** 7.—12. Tausend. Von Betriebsdirektor G. Knappe.

Heft 5: **Das Schleifen der Metalle.** Zweite, verbesserte Auflage. (7.—13. Tausend.) Von Dr.-Ing. B. Buxbaum.

Heft 6: **Teilkopfarbeiten.** Von Dr.-Ing. W. Pockrandt.

Heft 7: **Härten und Vergüten.** 1. Teil: Stahl und sein Verhalten. Zweite, verbess. Auflage. (7.—14. Taus.) Von Dipl.-Ing. Eugen Simon.

Heft 8: **Härten und Vergüten.** 2. Teil: Praxis der Warmbehandlung. Zweite, verbess. Auflage. (7.—14. Taus.) Von Dipl.-Ing. Eugen Simon.

Heft 9: **Rezepte für die Werkstatt.** 7.—10. Tausend. Von Chemiker Hugo Krause.

Heft 10: **Kupolofenbetrieb.** Von Gießereidir. C. Irresberger. Zweite, verb. Auflage. (5.—10. Tausend.)

Heft 11: **Freiformschmiede.** 1. Teil: Technologie des Schmiedens. — Rohstoffe der Schmiede. Von Direktor P. H. Schweißguth.

Heft 12: **Freiformschmiede.** 2. Teil: Einrichtungen und Werkzeuge der Schmiede. Von Direktor P. H. Schweißguth.

Heft 13: **Die neueren Schweißverfahren.** Von Prof. Dr.-Ing. P. Schimpke.

Heft 14: **Modelltischlerei.** 1. Teil: Allgemeines. Einfachere Modelle. Von R. Löwer.

Heft 15: **Bohren.** Von Ing. J. Dinnebier.

Heft 16: **Reiben und Senken.** Von Ing. J. Dinnebier.

Eine Aufstellung der in Vorbereitung befindlichen Hefte ist auf der 3. Umschlagseite abgedruckt.

Jedes Heft 48—64 Seiten stark, mit zahlreichen Textfiguren.

WERKSTATTBÜCHER
FÜR BETRIEBSBEAMTE, VOR- UND FACHARBEITER
HERAUSGEGEBEN VON EUGEN SIMON, BERLIN
HEFT 16

Reiben und Senken

von

J. Dinnebier

Mit 214 Figuren und 6 Tabellen

Springer-Verlag Berlin Heidelberg GmbH
1925

Inhaltsverzeichnis.

Ursprünglich erschienen bei Julius Springer in Berlin 1925
ISBN 978-3-7091-5251-5 ISBN 978-3-7091-5399-4 (eBook)
DOI 10.1007/978-3-7091-5399-4

I. Reiben.

A. Sinn und Vorteile des Reibens.

Gebohrte Löcher haben stets eine rauhe Oberfläche und sind weder maßhaltig noch genau rund oder gerade. Am ungenauesten sind die mit Spiralbohrern gebohrten Löcher, etwas genauer meist die mit Drei- oder Vierschneidern aufgesenkten, verhältnismäßig am genauesten die mit Bohrstahl oder Bohrstange aufgebohrten. Beim Spiralbohrer und Spiralsenker ist in der Massen- und Reihenfertigung eine größere Genauigkeit zu erzielen, wenn durch Bohrbuchsen gebohrt wird.

Alle diese so hergestellten Löcher genügen nicht für Bohrungen, in denen Wellen oder Spindeln sich drehen, sich verschieben oder festsitzen sollen. Solche Bohrungen müssen maßhaltig, sauber, rund und gerade sein. Man kann sie auf zweierlei Art herstellen:

1. durch Nachbohren des vorgebohrten Loches mit einem Bohrstahl und Ausschmirgeln oder Schleifen,
2. durch Aufreiben mit einer Reibahle.

Die erste Art hat den Nachteil, daß genau maßhaltige Bohrungen mit ihr schwierig herzustellen sind und daß die Bohrungen durch das Schmirgeln nicht gerade werden, hauptsächlich lange Bohrungen nicht. Auch setzt sich der feine Schmirgelstaub in die Poren des Werkstoffes, besonders bei Gußeisen, wodurch die Oberfläche von Welle und Bohrung aufgerauht wird und leicht Neigung zum Festsitzen der Welle entsteht. Solches Verfahren ist auch nur auf der Drehbank möglich. Das Ausschleifen andererseits läßt sich auch dann nicht immer anwenden, wenn die nötigen Einrichtungen vorhanden sind, weil die Bohrung sehr oft in derselben Einspannung, in der sie vorgebohrt wird, auch fertig gemacht werden muß.

Das Reiben hat diese Nachteile nicht. Es können mit einer Reibahle eine größere Anzahl Löcher von genauem Durchmesser sauber und gerade hergestellt werden.

Daher wird das Nachbohren auch nur noch vereinzelt angewandt und kommt bei der Reihen- und Massenfabrikation nicht mehr in Betracht.

Die Anwendung der Reibahle bringt jedoch sehr oft Schwierigkeiten mit sich und es kann viel Unheil angerichtet werden, wenn sie nicht sorgfältig genug behandelt wird: Der Durchmesser der Reibahle muß genaues Maß haben, die Schneidzähne müssen scharf sein, der Anschnitt der Zähne muß dem Werkstoff angepaßt und der Verschub der Reibahle womöglich zwangläufig sein. Alles das und noch verschiedene andere Punkte sind zu beachten, wenn man saubere und genaue Bohrungen erhalten, Ausschuß des Arbeitsstückes und Bruch der Reibahle vermeiden will.

B. Arten der Reibahlen.

Die Reibahlen werden in Hand- und Maschinenreibahlen eingeteilt. Beide Arten werden fest und verstellbar hergestellt. Da sich die Reibahlen im Durchmesser sehr leicht abnützen, so werden beim Reiben von kaliberhaltigen Löchern häufig zwei Reibahlen benutzt, und zwar eine zum Vorreiben und eine zum Nachreiben. Das ist besonders dann zu empfehlen, wenn die Löcher nicht einigermaßen genau vorgebohrt sind, d. h. wenn noch mehrere Zehntel Millimeter herauszureiben sind. Zum Vorreiben werden dann gewöhnlich die festen Reibahlen verwendet, da sie widerstandsfähiger sind als die verstellbaren. Sie brauchen auch nicht genaues Maß zu haben, sondern können 0,1 ÷ 0,2 mm im Durchmesser schwächer sein. Eine weitere Abnutzung ist jedoch nicht zulässig; es ist dann eine Nacharbeit auf den nächst kleinen Durchmesser nötig. Zum Nachreiben verwendet man zweckmäßiger die verstellbaren Reibahlen, weil sie leicht wieder auf den richtigen Durchmesser eingestellt werden können, wenn sie abgenutzt sind. Andererseits schadet es zum Nachreiben nicht, daß sie weniger widerstandsfähig sind, weil sie doch nur wenig aus der Bohrung herauszunehmen haben.

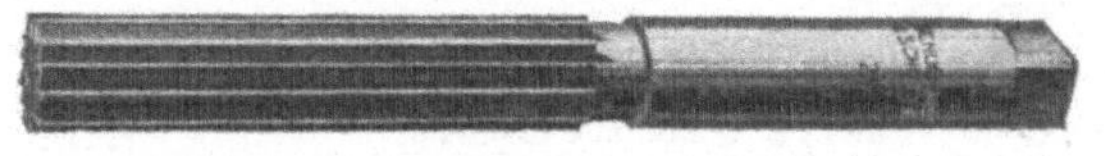

Fig. 1. Gewöhnliche Handreibahle.

Fig. 2. Führungs-Handreibahle.

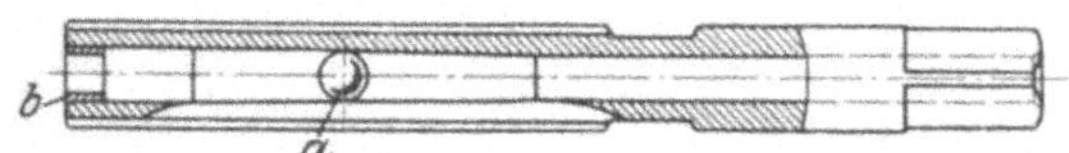

Fig. 3. Verstellbare Handreibahle mit Kugel.

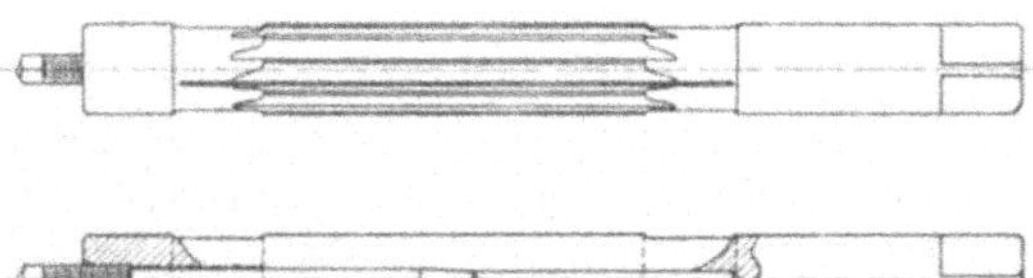

Fig. 4. Verstellbare Handreibahle mit Kegelschraube.

Fig. 5. Einzahnreibahle.

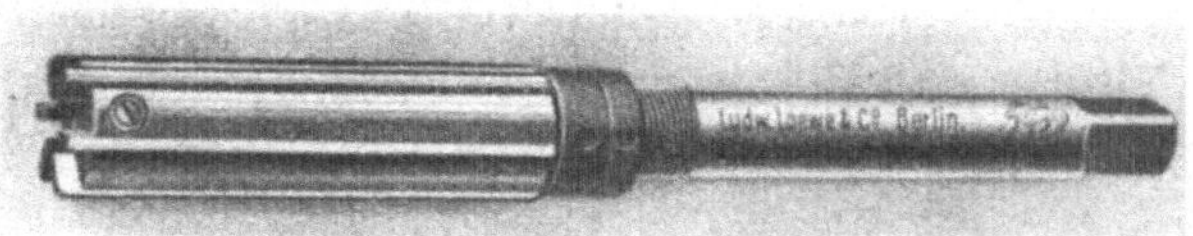

Fig. 6. Verstellbare Handreibahle.

Handreibahlen. Sie dienen nur zum Handgebrauch, besitzen im allgemeinen sehr lange Zähne und einen langen kegeligen Anschnitt, der zugleich als Führung dient; ferner zylindrischen Schaft und Vierkant, um die Reibahle mit einem Windeisen drehen zu können. Sie können auch als Führungsreibahlen dienen, falls der Schaft genaues Maß nach „Laufsitz" bekommt (Fig. 2).

Fig. 1 ÷ 6 zeigen übliche Handreibahlen. Fig. 1 und 2 sind fest, während die Fig. 3 ÷ 6 verstellbar sind. Die Reibahle Fig. 3 wird durch Verschieben einer Kugel in einer in der Reibahle eingebohrten kegeligen Bohrung auseinandergespreizt, zu welchem Zweck die Reibahle dreimal geschlitzt wurde. Das Herausfallen der Kugel a wird durch einen eingesetzten Ring b verhindert. Die Reibahle Fig. 4 wird durch eine Schraube mit Kegelzapfen verstellt. Fig. 5 zeigt eine Einzahnreibahle. Derartige Reibahlen werden hauptsächlich zum Nachregulieren langer, auf der Maschine geriebener Bohrungen benutzt, wobei der gehärtete Reibahlenkörper als Führung dient. Der Reibezahn ist innerhalb gewisser Grenzen verstellbar. Fig. 6 zeigt eine verstellbare Reibahle mit eingesetzten Messern. In Fig. 7 ist eine verstellbare Doppel-Handreibahle dar-

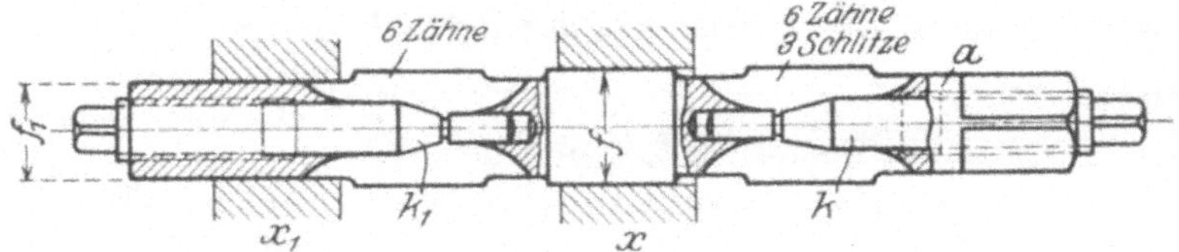

Fig. 7. Verstellbare Doppel-Handreibahle.

gestellt. Sie dient zum Nachreiben zweier verschiedener Bohrungen x und x_1. Der mit einem Vierkant versehene Schaft a hat entsprechend den vorgebohrten Bohrungen des Werkstückes zwei Führungen f und f_1. Das Nachstellen geschieht durch die Kegelschrauben k und k_1.

Zum Reiben kegeliger Bohrungen nimmt man Reibahlen nach Fig. 8 und 9.

Fig. 8. Kegel-Handreibahle.

Fig. 8 für kleine Bohrungen für Kegelstifte und Fig. 9 für größere kegelige Bohrungen. Die Reibahle I dient dazu, die zylindrische Bohrung kegelig vorzureiben (richtiger: aufzusenken), die Reibahle II und III, um nach- bzw. fertig zu reiben.

Maschinenreibahlen. Sie dienen hauptsächlich zum Gebrauch auf der Maschine. Die Zähne sind kürzer als die der Handreibahlen, der Anschnitt ist für Stahl, Temperguß und Bronze ganz kurz, während er für Gußeisen etwas länger ist. Der Schaft ist zylindrisch bzw. kegelig. Zum Festhalten der Reibahlen mit zylindrischem Schaft dient ein Spannfutter, während die Reibahlen mit kegeligem Schaft direkt in den Kegel der Bohrspindel gesteckt werden. Die Maschinenreibahlen werden jedoch auch wohl als Handreibahlen benutzt, wozu der Schaft ein Vierkant hat, oder es wird auf dem kegeligen Schaft eine Hülse mit Vierkant aufgesteckt. Die Ausführung ist ebenfalls fest und verstellbar.

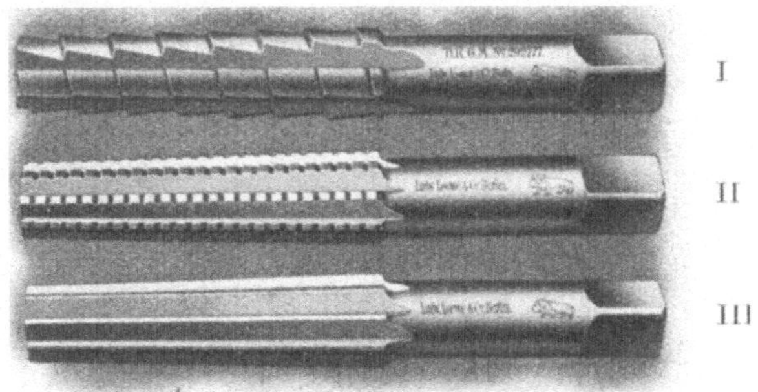

Fig. 9. Kegel-Handreibahlen zum Vor- und Fertigreiben.

Feste Maschinenreibahlen zeigen die Fig. 10÷17. Von 20 mm Durchmesser werden die festen Reibahlen auch als Aufsteckreibahlen hergestellt, da sie billiger und durch kurze und lange Halter vielseitiger verwendbar sind. Die Aufsteckreibahlen haben kegelige oder zylindrische Bohrungen. Zylindrische hauptsächlichst für die Wagrechtbohrerei, da sie auf langen Haltern leicht versetzt und verschoben werden können. Reibahlen mit Spiralzähnen nach Fig. 13 werden im allgemeinen wegen der schwierigen Instandhaltung weniger oder gar nicht verwendet. Nur bei unterbrochenen Bohrungen sind sie am Platze, da sie hier ein rundes Loch reiben, was der Reibahle mit geraden Zähnen nicht

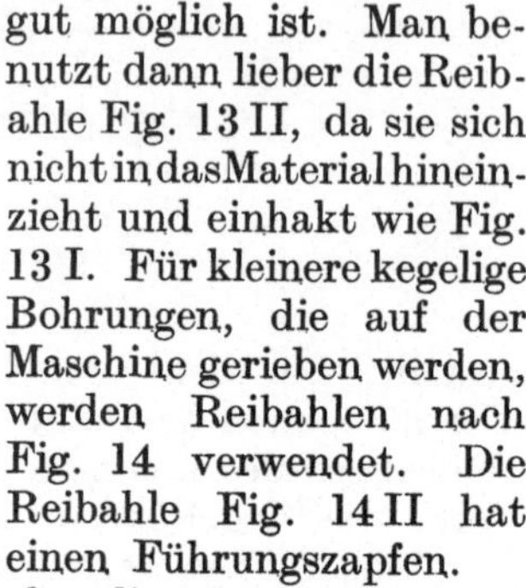

gut möglich ist. Man benutzt dann lieber die Reibahle Fig. 13 II, da sie sich nicht in das Material hineinzieht und einhakt wie Fig. 13 I. Für kleinere kegelige Bohrungen, die auf der Maschine gerieben werden, werden Reibahlen nach Fig. 14 verwendet. Die Reibahle Fig. 14 II hat einen Führungszapfen.

Fig. 10. Maschinenreibahle mit zylindrischem Schaft.

Fig. 11. Maschinenreibahle mit kegeligem Schaft.

Fig. 12. Aufsteckreibahle.

Für große kegelige Lagerbohrungen werden zweckmäßig Reibahlen nach Fig. 15 und 16 verwendet. Sie haben eine zylindrische Bohrung und können auf Bohrstangen oder Reibahlenhaltern aufgesteckt werden. Die Reibahle Fig. 15 dient zum Vorreiben bzw. Aufreiben von zylindrisch vorgebohrten

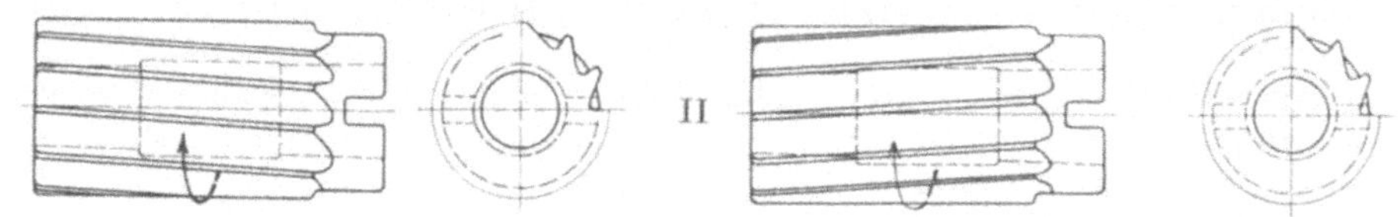

Fig. 13. Aufsteckreibahlen mit Spiralzähnen. I Rechtsspirale, II Linksspirale.

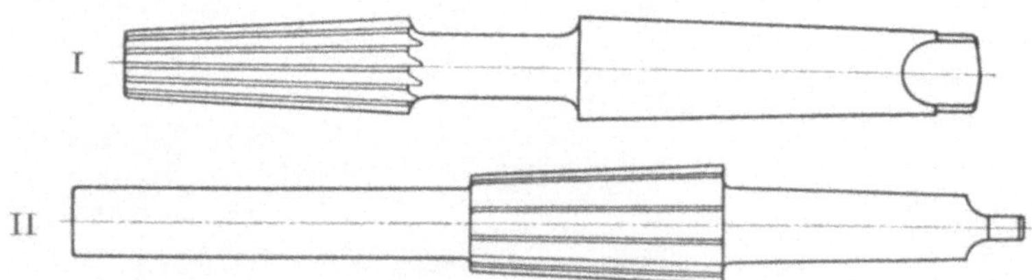

Fig. 14. Kegelreibahlen mit Kegelschaft.

Bohrungen, die Fig. 16 zum Nachreiben. Man verwendet sie hauptsächlichst in der Wagerechtbohrerei.

Fig. 17 zeigt eine Spiralreibahle, wie sie in Schiffswerften und Kesselschmieden zum Aufreiben von Löchern für Nieten, Stehbolzen u. dgl. verwendet wird. Infolge der unter einem Drall von 30° liegenden linksgängigen Schneiden setzt sich die Reibahle im Loch nicht fest und ergibt saubere und runde Löcher. Sie werden als Maschinenreibahlen sowie als Handreibahlen mit zylindrischem Schaft und Vierkant ausgeführt.

Verstellbare Maschinenreibahlen. Zum Nach- bzw. Fertigreiben werden zweckmäßig verstellbare Reibahlen (Fig. 18 : 34) verwendet. Sie sollen höchstens 0,1÷0,2 mm aus der Bohrung herausnehmen.

Fig. 18 zeigt eine verstellbare Maschinenreibahle mit festen Zähnen. Die Reibahle ist dreimal geschlitzt und wird mittels einer Kegelschraube a auseinandergespreizt.

In Fig. 19 ist ebenfalls eine verstellbare Maschinenreibahle mit festen Zähnen dargestellt. Der einmal geschlitzte Zahnkörper r ist auf einen Halter d

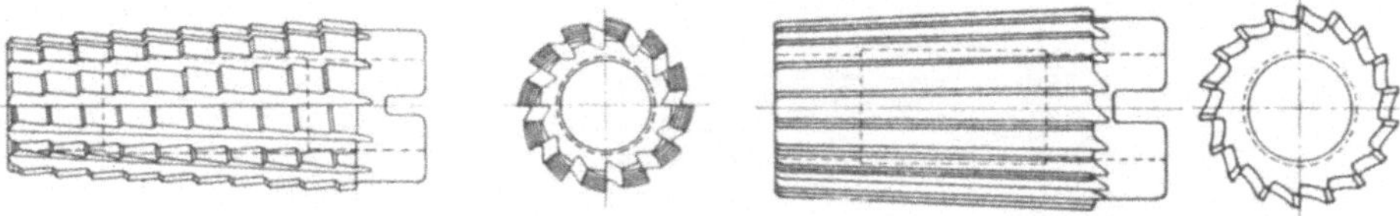

Fig. 15. Kegel-Vorreibahle zum Aufstecken.

Fig. 16. Kegelige Nachreibahle zum Aufstecken.

Fig. 17. Spiralreibahle für Nietlöcher.

Fig. 18. Verstellbare Maschinen-Grundreibahle.

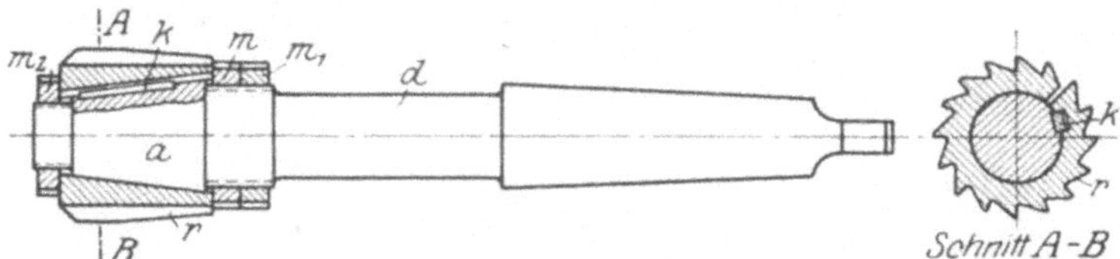

Fig. 19. Verstellbare Maschinenreibahle.

Fig. 20. Normale verstellbare Maschinenreibahle.

mit kegeligem Aufnahmezapfen a aufgesteckt und wird durch die Muttern m, m_1, m_2 gespreizt und festgezogen. Keil k nimmt den Zahnkörper zwangläufig mit.

Die Reibahlen Fig. 20 und 21 haben eingesetzte Messer, die nach der Abnützung nachgestellt und wieder übergeschliffen werden. Die Messer sind leicht verstemmt und werden beim Verstellen von vorn nach dem Schaft zurückgeschlagen. Das Verstellen ist bei dieser Ausführung schwierig; für kleinere Reibahlen ist jedoch eine andere Konstruktion nicht gut möglich. Die Reibahle Fig. 20 findet allgemeine Verwendung, während Fig. 21 eine kurze

Ausführung zeigt, die in Führungshülsen (Fig. 85, Seite 28) hauptsächlich beim Bohren in Vorrichtungen und in der Wagerechtbohrerei benutzt wird, besonders für zwei gegenüberliegende Bohrungen, wobei sich die Führungshülse in der einen bereits gebohrten und geriebenen Bohrung führt, so daß die zweite Bohrung genau fluchtend zur ersten gerieben werden kann. (Zum Vorreiben hat man auch entsprechende feste Reibahlen.)

Die Reibahlen Fig. 22 ÷ 23 zeigen weitere Ausführungen der verstellbaren Grundreibahle. Sie dienen denselben Zweck wie die Reibahle Fig. 21, können aber auch mit langem Schaft wie Fig. 20 ausgeführt werden.

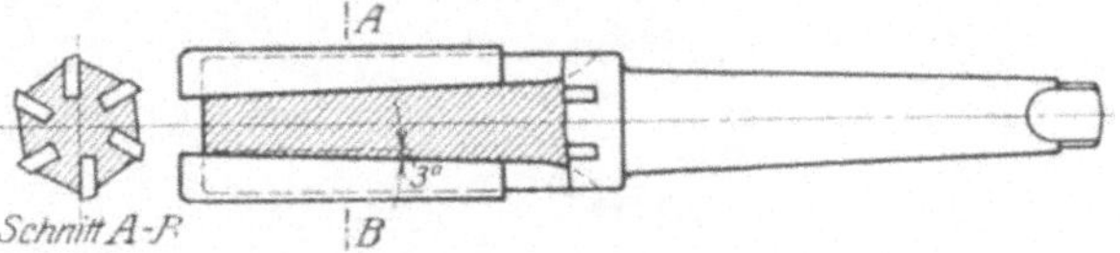

Fig. 21. Kurze verstellbare Maschinenreibahle.

Die Reibahlen Fig. 22 I und II werden ebenfalls durch Verschieben der Messer auf ihrer kegeligen Bahn nach dem Schaft zu verstellt, indem die Muttern a und b und die Klemmschrauben e bei Fig. 22 II vorher gelöst werden. Die Messer werden bei Stärkerstellung der Reibahle mit einem Kupferhammer zurückgeschlagen, so daß die Schräge d der Messer sich gegen die innere Schräge der

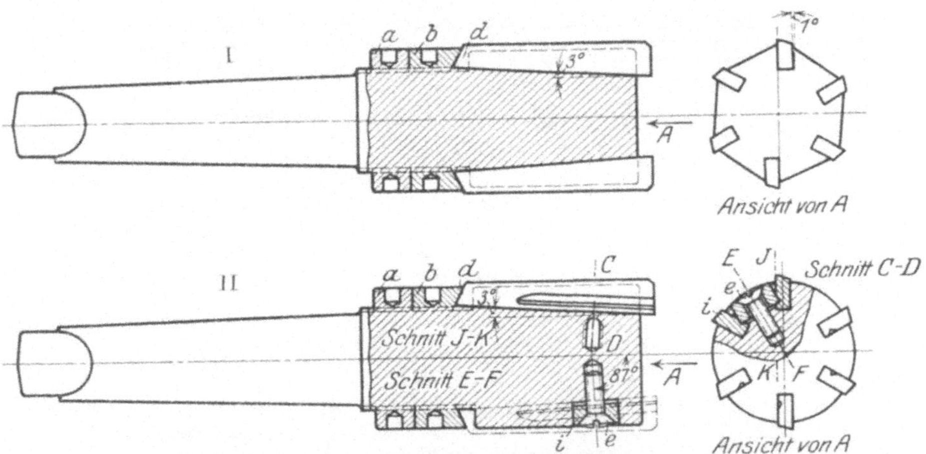

Fig. 22. Kurze verstellbare Maschinenreibahlen.

Mutter legt. Dann werden Klemmschraube und Gegenmutter festgezogen und die Reibahle muß außen wieder rund und scharf geschliffen werden. Bei geringem Stärkerstellen ist ein Nachschleifen nicht immer nötig, da ja durch ein geringes Lösen der Muttern a und b die Messer gleichmäßig an die Muttern nachgeschoben werden. Bei den Reibahlen Fig. 20 und 21 ist das nicht möglich, da die Messer hinten keinen Gegenhalt finden. Bei den Reibahlen Fig. 22 I und II kann nur das Schwächerstellen, was ja weniger vorkommt, unmittelbar mit der Mutter b geschehen, indem bei Fig. 22 II zuerst die Klemmschrauben gelöst werden. Bei Fig. 22 I ist auch das Schwächerstellen mit der Mutter noch schwierig genug, da ja die Messer verstemmt sind und die Reibung in den Schlitzen hier bedeutend größer ist als bei Fig. 22 II. Die Messer der Reibahle Fig. 22 I sind nach außen zu ein wenig verjüngt; sie werden in den Reibahlenkörper nur so festgestemmt, daß sie vorn nicht herausspringen, sich aber noch mit dem Kupferhammer bequem verstellen lassen. Bei der Reibahle Fig. 22 II sind die Messer parallel und werden vorn durch die drei Klemmschrauben e mit Buchsen i festgehalten, immer je zwei Messer zugleich. Sie müssen in den Schlitzen gut passen, dürfen seitlich keine Luft haben, da sonst die Reibahle keinen sauberen Schnitt gibt. Sie lassen sich natürlich sehr bequem verstellen.

Sind die Messer so weit zurückgestellt, daß ihre vordere Kante mit der Stirnseite der Reibahle abschneidet, dann sind sie unbrauchbar, oder es muß, um sie weiter zu verwenden, ein dünner Blechstreifen untergelegt werden.

Bei den Reibahlen 20÷22 ist ein Stärkerstellen nur mit dem Hammer möglich. Jedes Messer muß einzeln verstellt werden, was nur geübte Werkzeugmacher fertig bekommen.

In Fig. 23 ist eine Grundreibahle dargestellt, bei der das Nachstellen auf einen größeren Durchmesser wesentlich leichter ist, da die Messer unmittelbar durch die Muttern a und b ohne Zuhilfenahme eines Hammers von dem Maschinenarbeiter sehr genau verschoben werden können. Die Konstruktion der Reibahle ist ganz ähnlich der von Fig. 22 II, nur daß die Messer, entsprechend der geneigten Bahn, an der Mutter am höchsten, an der Stirnseite am niedrigsten sind.

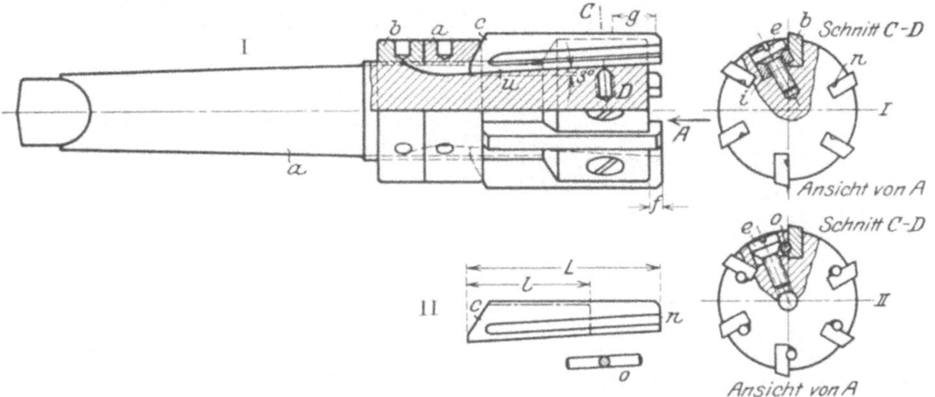

Fig. 23. Kurze verstellbare Maschinenreibahle.

Die Ausnützung der Messer ist ebenfalls besser als bei den anderen Konstruktionen: das Messer von der Länge L kann bis auf die Länge l verbraucht werden, und ein Unterlegen von Blechstreifen ist unnötig. Die Messer dürfen aber an der Stirnseite des Reibahlenkörpers immer nur 3—4 mm vorstehen. Wird beim Vorschieben die Entfernung f zu groß, so sind sie gleichmäßig auf einer Rundschleifmaschine abzuschleifen. Dadurch verlieren sie natürlich an Führung, ein Nachteil, den jedoch der Vorteil der Ausführung überwiegt. Für das Schneiden spielt die Verkürzung der Messer keine Rolle, da die Mantelzähne der Maschinenreibahlen nach hinten zu verjüngt werden (s. Fig. 51, Seite 18) und doch nur auf der Länge g schneiden.

Die Messer können an der Stirnseite festgeklemmt werden durch Schrauben e und Ring i (Seitenansicht I), oder durch Kegelschraube e und Stift o (Seitenansicht II). Da jedes Messer für sich angezogen wird, so bietet diese Konstruktion eine gute Sicherheit und hat noch den Vorteil, daß das Messer an der Rückseite gut anliegt.

Die Konstruktion von Fig. 22 II, bei der immer 1 Buchse 2 Messer festklemmt, ist natürlich auch hier anwendbar, wie umgekehrt, den Konstruktionen dort.

Fig. 24 zeigt eine doppelte verstellbare Maschinenreibahle mit eingesetzten Messern und zwei Führungen a und b. Es ist eine Sonderausführung wie sie beim Reiben in Vorrichtungen verwendet wird. Auch hierbei läßt es die Konstruktion nicht immer zu, die Verstellung der Messer durch Muttern vorzunehmen,

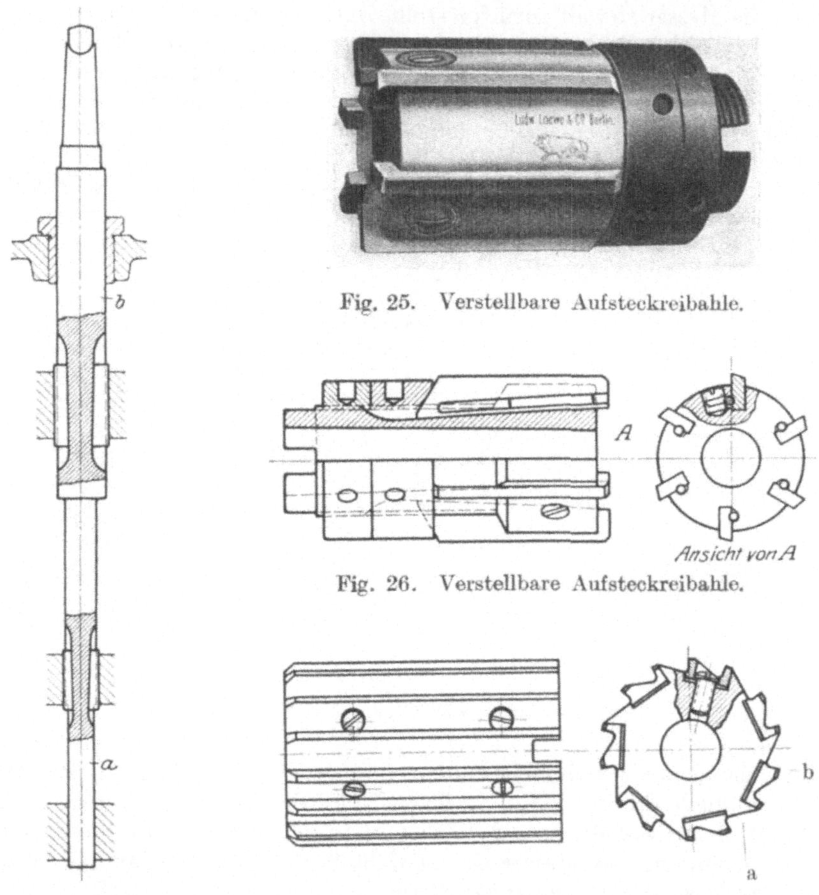

Fig. 25. Verstellbare Aufsteckreibahle.

Fig. 26. Verstellbare Aufsteckreibahle.

Fig. 24. Verstellbare Führungs-Doppelreibahle.

Fig. 27. Verstellbare Aufsteckreibahle.

sondern es muß oft die unbequeme Verstellung wie bei Fig. 20 und 21 angewendet werden.

Fig. 25 ÷ 27 zeigen verstellbare Aufsteckreibahlen. Die Konstruktionen der Reibahle Fig. 25 und 26 entsprechen den Fig. 22 ÷ 23. Bei Fig. 27 sind auf den Reibahlenkörper a auswechselbare Messer b aufgeschraubt. Ein Stärkerstellen erfolgt hier durch Unterlegen von dünnem Papier oder Blechstreifen.

Die Aufsteckreibahlen können nur mit Haltern (Seite 29) verwendet werden. Sie haben kegelige oder zylindrische Bohrungen, so daß sie auf kurze und lange Halter aufgesteckt werden können. Sie finden für größere Durchmesser allgemeine Verwendung.

Verstellbare Reibahlen nach Fig. 28 können wegen der vorderen Mutter nur für durchgehende Löcher gebraucht werden, haben dafür den Vorteil, daß die Messer durch die beiden Muttern bequem und genau eingestellt werden können. Sie werden mit kegeligen und zylindrischen Schaft hergestellt. Von einem Durch-

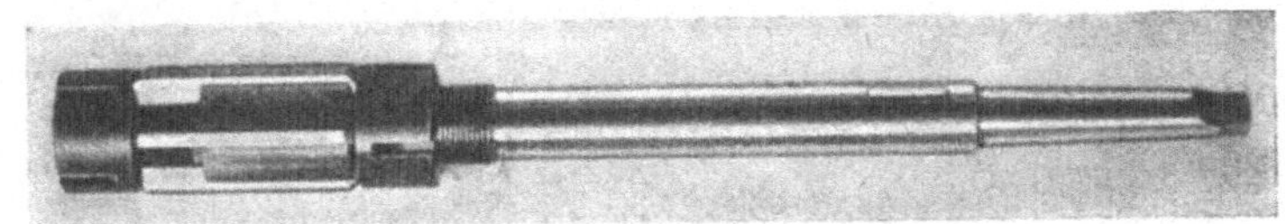

Fig. 28. Verstellbare Maschinenreibahle für durchgehende Bohrungen.

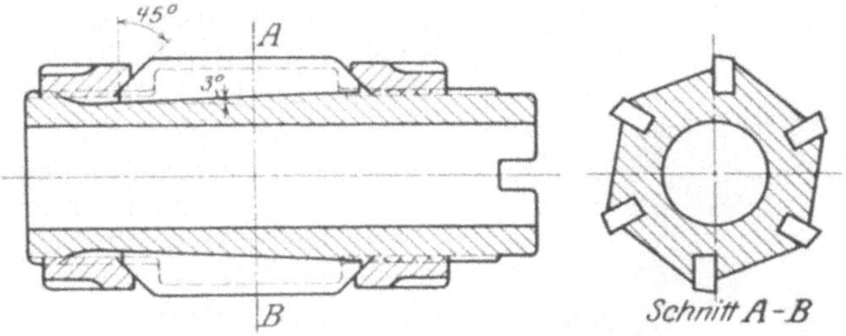

Fig. 29. Verstellbare Aufsteckreibahle.

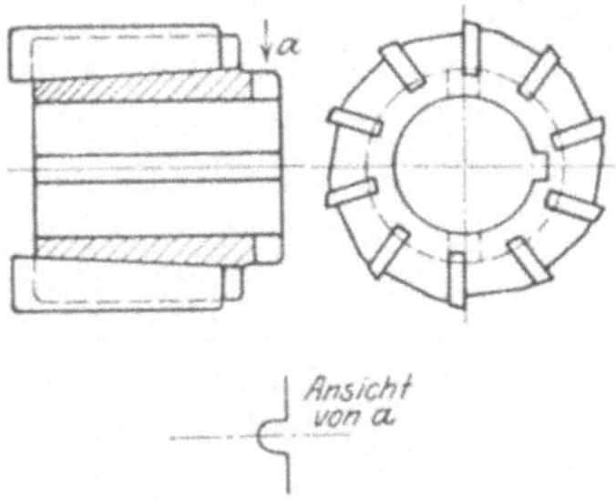

Fig. 31. Verstellbare Aufsteckreibahlen für große Bohrungen.

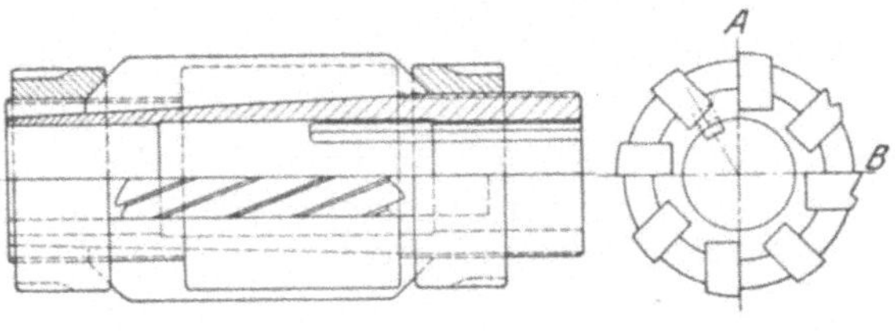

Fig. 32. Verstellbare Aufsteckreibahle für unterbrochene Bohrungen.

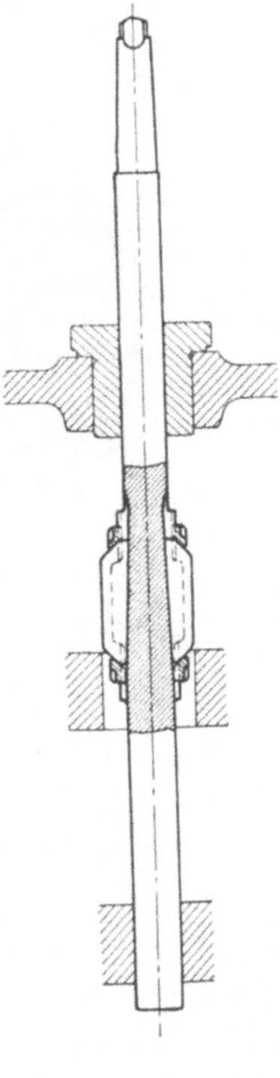

Fig. 30. Verstellbare Führungsreibahle.

messer von 60 mm an können auch diese Reibahlen als Aufsteckreibahlen ausgeführt werden (Fig. 29).

Eine Sonderausführung dieser Reibahlen stellt Fig. 30 dar. Sie hat zwei Führungsschäfte und wird in der Wagerechtbohrerei oder beim Bohren in Vorrichtungen verwendet. Man verwendet sie dann, wenn es auf die Genauigkeit der Bohrung sehr ankommt.

Reibahlen nach Fig. 31 werden mit Durchmessern über 100 mm hergestellt. Sie haben zylindrische Bohrung und sind hauptsächlich für die Wagerechtbohrerei unter Verwendung langer Reibahlenhalter oder Bohrstangen bestimmt. Fig. 32 zeigt eine verstellbare Aufsteckreibahle mit zylindrischer Bohrung und eingesetzten Messern mit schrägen Zähnen. Die Reibahle wird bei Bohrungen, die durch Nute oder Schlitz unterbrochen sind, verwendet. Fig. 33 zeigt dieselbe Reibahle, jedoch mit kegeligem Schaft.

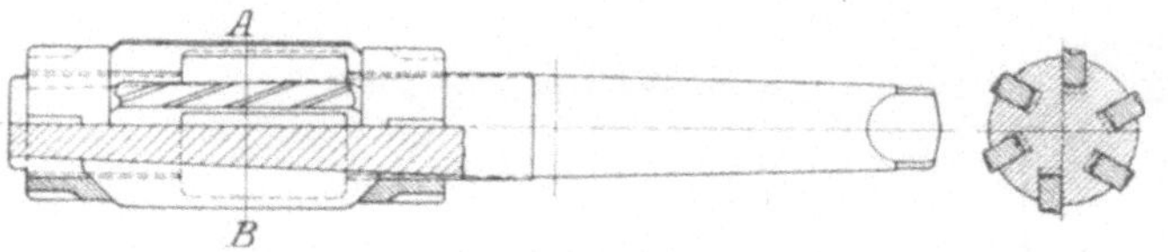

Fig. 33. Verstellbare Maschinenreibahle für unterbrochene Bohrungen.

Fig. 34 zeigt in Bild und Strichzeichnung eine verstellbare Reibahle der Firma de Fries - Düsseldorf. Die Messer dieser Reibahle sind sehr kurz und können sich um einen vor der Schneide liegenden vorn keilförmigen Zapfen a, der zugleich zum Nachstellen dient, ein wenig drehen, so daß die Messer einen ,,ziehenden Schnitt" bekommen, und die Reibahle die Bezeichnung Schleppmesser-Reibahle erhalten hat. Die Reibahle ist nur für Durchmesser von 70 mm an geeignet. Ihre Verstellbarkeit ist bedeutend größer als die der anderen Konstruktionen, allerdings auch ihr Preis.

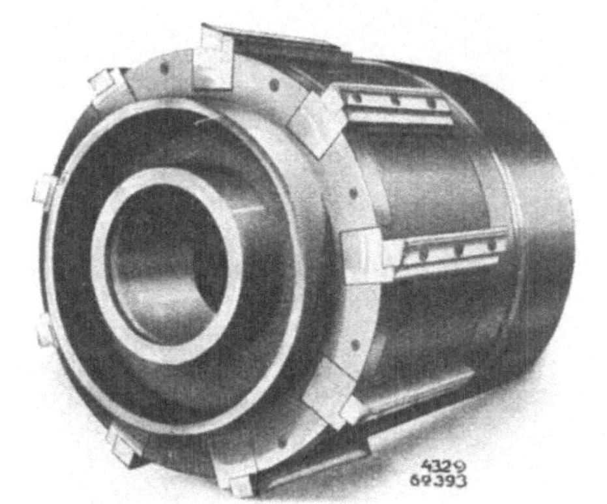

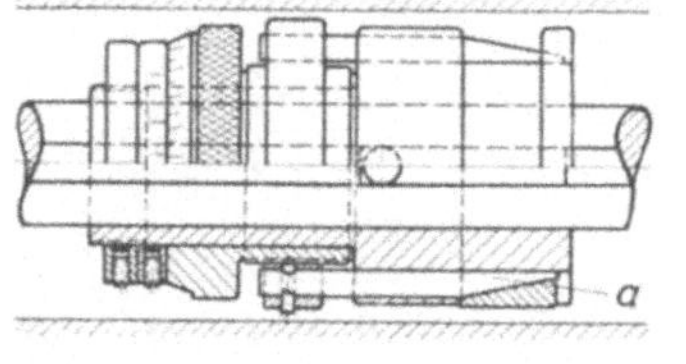

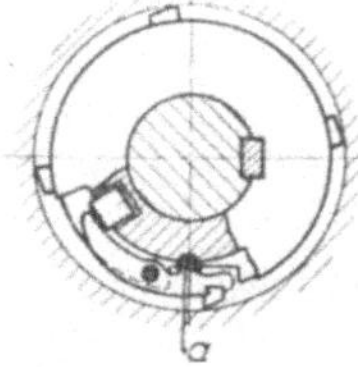

Fig. 34. Schleppmesserreibahle.

Eine Reibahle mit Ölzuführung, wie sie für Spindelbohrmaschinen oder Revolverdrehbänken verwendet wird, zeigt Fig. 35. Der Reibahlenhalter ist durchbohrt und vorn mit einem Verschlußstück versehen, wodurch das von innen zugeführte Öl durch die schrägen Löcher a dem Anschnitt der Reibahle zugeführt wird. Das Öl kann unter mäßigem Druck zufließen.

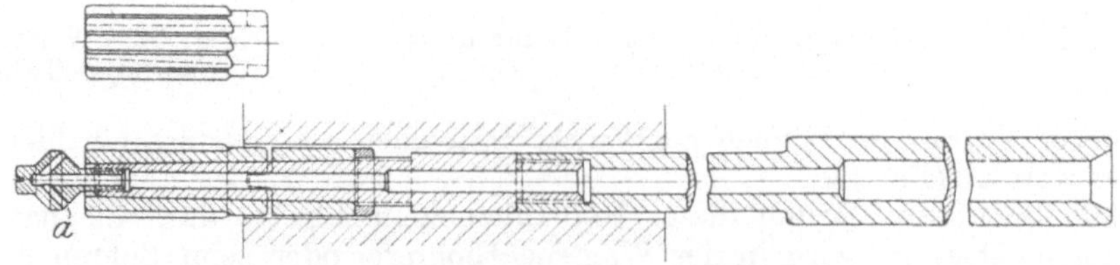

Fig. 35. Aufsteckreibahle mit Ölzuführung durch den Halter.

C. Zahnung der Reibahlen.

Zähnezahl. Sie wird nach der Erfahrung bestimmt. Meist empfiehlt es sich, eine mittelgroße Anzahl zu nehmen, da einerseits der Kraftbedarf mit der Zähnezahl wächst, andererseits feiner gezahnte Reibahlen sauberere Lochwände geben als grob gezahnte.

Aus einer Erfahrungsformel die Zähnezahl genau zu bestimmen, ist nicht

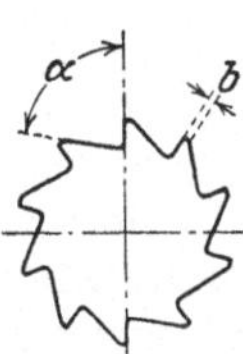

Fig. 36.

∅ der Reibahle	Zähne-zahl	α	b
3—6	6	80°	0,4
7—10	6	80	0,5
11—12	8	80	0,7
13—15	8	80	0,9
16—17	8	80	1,1
18—19	8	85	1,1
20—23	10	85	1,1

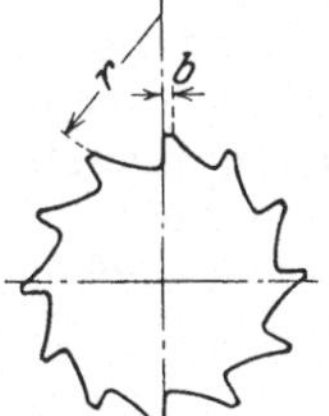

Fig. 37.

∅ der Reibahle	Zähne-zahl	r	b
24—30	10	25	1,3
31—43	12	25	1,6
44—59	14	25	1,9
60—78	16	35	2,2
79—100	18	35	2,5

gut möglich, weil Reibahlen mit Rücksicht auf das Messen der Durchmesser im allgemeinen nur gerade Zähnezahlen erhalten.

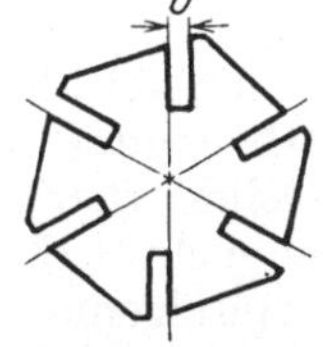

Fig. 38.

∅ der Reibahle	b	Zähne-zahl
16—18	2	6
19—23	2,5	6
24—28	3	6
29—35	3,5	6
36—42	4	6
44—50	4,5	8
52—65	5	8
68—82	6	10
85—100	7	10
102—128	7	10
130—150	8	12

Die Zähnezahl liegt bei festen Reibahlen zwischen 6 und 18 für einen Durchmesserbereich von 3 ÷ 100 mm, bei nachstellbaren Reibahlen mit eingesetzten Messern zwischen 6 und 12 für einen Durchmesserbereich von 16 ÷ 150 mm.

Feste Reibahlen erhalten gewöhnlich mehr Zähne als nachstellbare, da bei diesen die Konstruktion eine größere Anzahl nicht zuläßt, nämlich die Reibahlenkörper zu sehr schwächen würde. Die in den Zahlentafeln zu Fig. 36, 37, 38 angegebenen Zähnezahlen haben sich in der Praxis gut bewährt.

Vielfach wird der Grund unsauberer oder rattriger Bohrungen in der geraden oder ungeraden Zähnezahl gesucht. Beide Ausführungen werden jedoch bei ordentlicher Instandhaltung und Herrichtung saubere Löcher ergeben; denn für die Arbeitleistung der Reibahle ist es gleichgültig, ob die Zähnezahl gerade oder ungerade ist. Für die gerade Zähnezahl spricht nur, daß sie, wie schon erwähnt, das Messen der Außendurchmesser mit der Mikrometerschraube gestattet, was die ungerade Zähnezahl nicht tut. Bei ihr kann der Durchmesser nur mit einem Kaliberring gemessen werden oder nach Ausfüllung einer Zahnlücke mit einer leicht schmelzbaren Legierung, die nach dem Rundschleifen und Messen wieder entfernt wird. Diese Verfahren sind jedoch sehr umständlich und zeitraubend.

Zahnverlauf. Reibahlen besitzen gerade oder spiralförmige Zähne. Die geraden Zähne kommen am häufigsten vor; sie bewähren sich bei richtiger Behandlung des Anschnittes und des äußeren Durchmessers und bei richtig mit Senker oder Bohrstange vorgebohrtem Loch sehr gut. Sie haben weiter den Vorzug, daß der äußere Durchmesser sich sicher messen läßt und daß ihre Herstellung und Instandhaltung bedeutend einfacher ist als die der Spiralzähne. Es ist jedoch nicht immer möglich, Reibahlen mit geraden Zähnen zu verwenden, z. B. nicht bei Werkstücken, deren Bohrung unterbrochen ist (Fig. 39). In diesem Fall ist der Spiralzahn besser, da er in die Unterbrechung nicht einhakt. Die Richtung des Dralles soll entgegengesetzt der Schnittrichtung sein (Fig. 13 II Seite 6), damit sich die Reibahle durch den Schnittdruck nicht in die Bohrung hineinzieht, wenn sie von Hand vorgeschoben wird oder sich nicht löst, wenn sie mit Kegelschaft in der Maschine sitzt. Es soll also die Spirale bei der üblichen Schnittrichtung links sein und nicht rechts (s. Fig. 13, Seite 6).

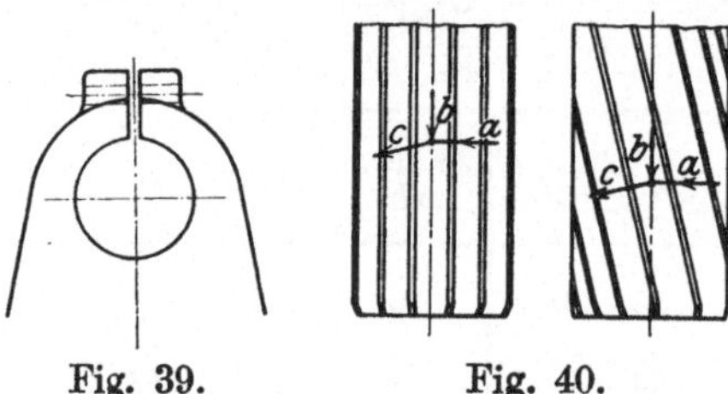

Fig. 39. Fig. 40.

Die Spiralzähne mit entgegengesetztem, linken Drall haben, abgesehen von Herstellung und Instandhaltung gegenüber geraden Zähnen noch den Nachteil, daß sie größeren Vorschubdruck verlangen, d. h. daß bei gleicher Zähnezahl zum Vorschieben der Reibahle mit geraden Zähnen weniger Kraft nötig ist als für die mit Spiralzähnen. Und schließlich hat der linksspiralige Zahn einen weniger schälenden, d. h. weniger günstigen Schnitt und weniger guten Spanabfluß als der gerade Zahn, wie Fig. 40 erkennen läßt. Darin gibt a die Schnittgeschwindigkeit, b den Vorschub und c die aus beiden sich ergebende resultierende Schnittbewegung an, die am ungünstigsten ist, wenn sie senkrecht zum Zahn steht. Man erkennt nun leicht, daß sie beim linksspiraligen Zahn sich der Senkrechten mehr nähert als beim geraden. Vielfach wird auch angenommen, daß durch spiralgenutete Reibahlen die Bohrung besonders sauber und von Rattermarken frei wird; in Wirklichkeit hat der Zahnverlauf keinen Einfluß. Rattert die Reibahle, so verteilen sich bei Spiralzähnen die Rattermarken spiralig am Umfang der Lochwandung.

Zahnteilung. Die Zähne der Reibahlen werden gewöhnlich nicht gleichmäßig, sondern ungleichmäßig verteilt am Umfang eingefräst, um das Unrundwerden der Löcher und die Rattermarkenbildung zu vermeiden.

Zweckmäßig führt man die Ungleichheit der Teilungen nicht so durch, daß alle Teilungen verschieden groß sind, sondern man macht gegenüberliegende Teilungen einander gleich, so daß sich nach einem halben Umgang um die Reibahle die Teilungen wiederholen. Dadurch erreicht man, daß immer gleiche Lücken und je zwei Schneiden einander genau gegenüberliegen. Fig. 41 zeigt eine derartige Ungleichteilung für sechs Zähne, bei der also $w_1 = w_4$, $w_2 = w_5$, $w_3 = w_6$ ist und bei der die Zähne 1 und 4, 2 und 5, 3 und 6 einander gegenüberliegen. Solche Art von Ungleichteilung genügt erfahrungsgemäß durchaus, um den Zweck zu erreichen; sie ist dazu aber für die Herstellung und Instandhaltung viel günstiger als volle Ungleichteilung, weil man den Außendurchmesser an jedem Zähnepaar bequem messen kann.

Der günstige Einfluß der Ungleichteilung rührt daher, daß beim Drehen der Reibahle um eine Teilung die Zähne nicht alle wieder an Stellen der Lochwand kommen, an denen vorher Zähne gestanden hatten. Dreht man die Reibahle mit gleicher Teilung (Fig. 42) um eine Teilung w, so kommt Zahn 1 an

Stelle b der Lochwand, Zahn 2 an Stelle c usw. Waren nun an den Stellen a—b—c kleine Späne stehen geblieben, so stoßen die nächsten Zähne wieder alle zur selben Zeit darauf und die Reibahle stockt etwas. Durch Wiederholung dieses Vorganges kann man sich die Rattermarken entstehen denken. Anders bei der Ungleichteilung (Fig. 41). Dreht man die Reibahle um die Teilung w_1, so kommt Zahn 1 an die Stelle b der Lochwand, Zahn 2 aber nicht bis c, sondern nur bis c′, Zahn 3 nicht bis d, sondern bis d′ usw., nur Zahn 4 kommt nach e, dagegen Zahn 5 nur nach f′ und Zahn 6 nach a′.

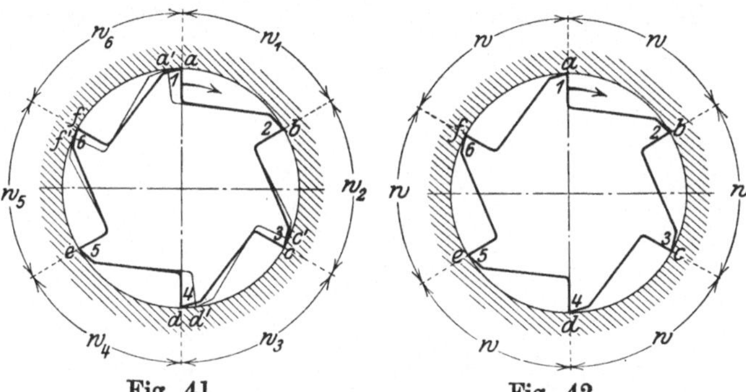

Fig. 41. Fig. 42.

So treffen also niemals alle Zähne zu gleicher Zeit auf die früheren Stellen. Verfolgt man diesen Vorgang für eine ganze Umdrehung der Reibahle, so kommt nur an zwei Stellen sechsmal ein Zahn hin, dagegen an zwölf Stellen zweimal, während bei gleicher Teilung sechs Zähne sechsmal an dieselbe Stelle kommen [1]).

Tabelle 1.

Winkel zum Ungleichteilen der Reibahlen mit dem Teilkopf.

Zähnezahl	$w_1 =$	Umdrehungen	Löcher	$w_2 =$	Umdrehungen	Löcher	$w_3 =$	Umdrehungen	Löcher	$w_4 =$	Umdrehungen	Löcher	$w_5 =$	Umdrehungen	Löcher
6	58° 2′	6	22	59° 53′	6	32	62° 5′	6	44						
8	42°	4	32	44°	4	44	46°	5	6	48°	5	16			
10	33°	3	34	34° 30′	3	41	36°	4	—	37° 30′	4	8	39°	4	15
12	27° 30′	3	3	28° 30′	3	8	29° 30′	3	14	30° 30′	3	19	31° 30′	3	24
14	23° 30′	2	30	24° 15′	2	34	25°	2	38	25° 45′	2	43	26° 30′	2	46
16	20° 30′	2	14	21°	2	17	21° 30′	2	20	22° 15′	2	23	22° 45′	2	26
18	17° 20′	1	25	18°	2	—	18° 40′	2	2	19° 20′	2	4	20°	2	6
20	15°	1	18	15° 40′	1	20	16° 20′	1	22	17°	1	24	17° 40′	1	26
22	13°	1	12	13° 40′	1	14	14° 20′	1	16	15°	1	18	15° 40′	1	20

Zähnezahl	$w_6 =$	Umdrehungen	Löcher	$w_7 =$	Umdrehungen	Löcher	$w_8 =$	Umdrehungen	Löcher	$w_9 =$	Umdrehungen	Löcher	$w_{10} =$	Umdrehungen	Löcher	$w_{11} =$	Umdrehungen	Löcher
12	32° 30′	3	30															
14	27°	3	—	28°	3	5												
16	23° 15′	2	29	24°	2	32	24° 45′	2	35									
18	20° 40′	2	8	21° 20′	2	10	22°	2	12	22° 40′	2	14						
20	18° 20′	2	1	19°	2	3	19° 40′	2	5	20° 20′	2	7	21°	2	9			
22	16° 20′	1	22	17°	1	24	17° 40′	1	26	18° 20′	2	1	19°	2	3	20°	2	6

Für 6—16 Zähne: Teilscheibe mit 49 Löchern
„ 18—22 „ „ „ 27 „
(40 Kurbelumdrehungen = 1 Werkstückumdrehung).

[1]) Näheres s. Reindl im „Betrieb“. 3. Jg., H. 16.

In der Tabelle I sind geeignete Teilwinkel w_1, w_2 ... angegeben für eine Ungleichteilung in arithmetischer Reihe (bei der die folgende Teilung immer um dasselbe Stück größer ist als die vorhergehende), und zwar für Reibahlen bis zu 22 Zähnen und mit Rücksicht auf die Herstellung (s. nächsten Abschnitt).

Einfräsen der Zähne. Die Ungleichteilung hat den Nachteil, daß beim Einfräsen der Zähne der Tisch der Maschine gehoben bzw. gesenkt werden

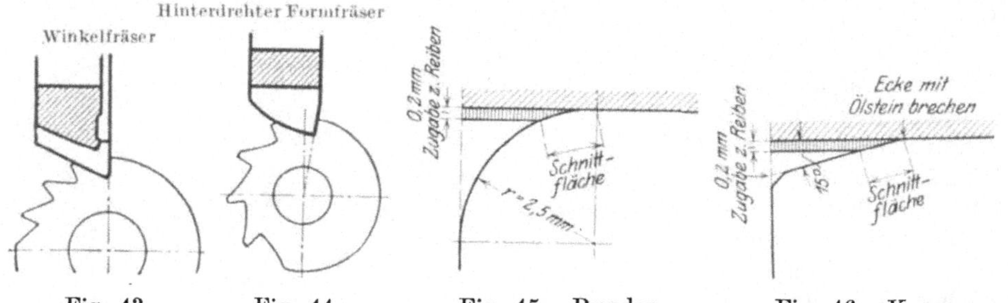

Fig. 43. Fig. 44. Fräser für Reibahlenzähne.

Fig. 45. Runder Anschnitt.

Fig. 46. Kurzer kegeliger Anschnitt.

muß, um eine gleichmäßig breite Fase zu erhalten. In Fig. 36 und 37 (Seite 13) sind die Zähnezahlen und Fasenbreiten angegeben. Reibahlen bis zu 23 mm Durchmesser werden gewöhnlich mit feingezahnten Winkelfräsern (Fig. 43), über 23 mm mit hinterdrehten Formfräsern (Fig. 44) gefräst. Durch das Fräsen mit dem Formfräser wird der Zahn nach der Spitze zu mehr verjüngt, wodurch die Reibahle beim Nachschleifen die Fasenbreite länger beibehält.

Die Tabelle I gibt die Winkel für Ungleichteilung und zugleich die beim Fräsen mit dem üblichen Teilkopf (Schneckenrad mit 40 Zähnen) nötigen Kurbelumdrehungen und Lochzahlen. Die Winkel w_1, w_2 ... sind so gewählt, daß man mit nur zwei verschiedenen Lochreihen der Teilscheibe (27 und 49) auskommt [1]).

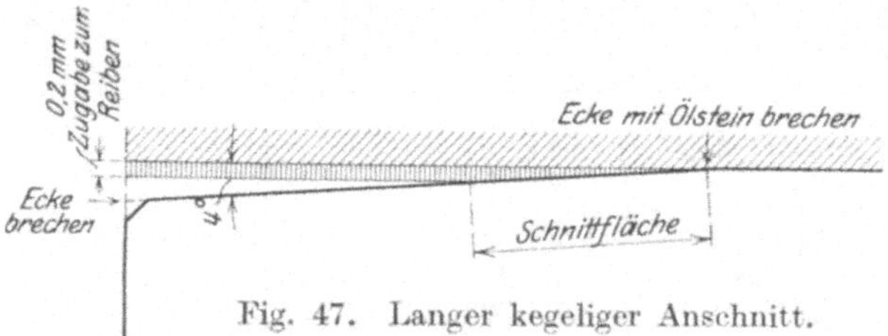

Fig. 47. Langer kegeliger Anschnitt.

Der Anschnitt. Jede Reibahle schneidet nur mit den vorderen Kanten, dem „Anschnitt". Der zylindrische Teil dient mehr zur Führung und zum Glätten der Bohrung.

Länge des Anschnittes. Der Anschnitt muß bei Maschinenreibahlen für Stahl kurz sein (Fig. 45 u. 46), während er für Gußeisen etwas länger sein kann (Fig. 47). Denn Stahl besitzt eine größere Zähigkeit als Gußeisen und gibt deshalb zusammenhängende Späne. Wäre nun der Anschnitt bei Stahl lang, so bekäme man einen sehr breiten Span, durch den die Reibahle stark beansprucht würde, so daß sie leicht brechen könnte. Der Anschnitt darf jedoch auch nicht zu kurz sein, da sonst auch Rattermarken in der Bohrung entstehen.

Bei Gußeisen ist ein längerer Anschnitt besser, weil die Bohrung sauberer wird; er ist auch nicht so gefährlich wie bei Stahl, weil Gußeisen spröde ist und nur ganz feine Späne gibt. Bei Bohrungen, die bis auf den Grund zylindrisch gerieben werden sollen, muß jedoch der Anschnitt auch bei Gußeisen kurz sein, da sonst der unterste Teil der Bohrung kegelig wird. In solchen Fällen sind die

[1]) Näheres s. Reindl im „Betrieb". 3. Jg., H. 16.

Übergangsstellen des Anschnittes mit einem Ölstein etwas abzurunden, damit die Bohrung sauber wird. Für Handreibahlen ist der Anschnitt bedeutend länger zu halten als für Maschinenreibahlen, um sie leichter in die Bohrung einführen zu können. Er beträgt ungefähr ein Viertel der Gesamtlänge der Zähne (Fig. 48). Die Zahlentafel zu Fig. 48 gibt für Handreibahlen von 5 bis 50 mm Durchmesser geeignete Längen und Winkel für den Anschnitt an.

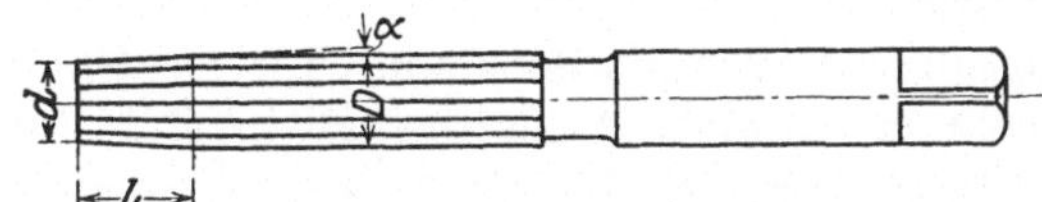

Fig. 48. Handreibahle.

D	l	d	α	D	l	d	α
			′				′
5	14	4,775	30	24	30	23,680	20
6	14	5,770	30	25	31	24,675	20
7	15	6,765	25	26	31	25,670	20
8	16	7,760	25	27	32	26,665	20
9	16	8,755	25	28	34	27,660	15
10	18	9,750	25	30	35	29,650	15
11	19	10,745	25	32	36	31,640	15
12	19	11,740	25	33	38	32,635	15
13	20	12,735	25	34	39	33,630	15
14	21	13,730	20	35	40	34,625	15
15	22	14,725	20	36	40	35,620	15
16	22	15,720	20	38	42	37,610	15
17	24	16,715	20	40	44	39,600	15
18	25	17,710	20	42	45	41,590	15
19	25	18,705	20	44	47	43,580	15
20	26	19,700	20	45	49	44,575	15
21	28	20,695	20	46	49	45,570	15
22	28	21,690	20	48	51	47,560	15
23	29	22,685	20	50	53	49,550	15

Gleichmäßiger Anschnitt. Große Sorgfalt ist auf gleichmäßigen Anschnitt zu legen, d. h. alle Zähne der Reibahle sollen gleichmäßig schneiden. Dies kann natürlich nur erreicht werden, wenn der Anschnitt auf einer Schleifmaschine geschliffen wird. Einen gleichmäßigen Anschnitt anzuwetzen, ist sehr schwer und kann vom besten Werkzeugmacher nicht richtig ausgeführt werden. Die meisten Brüche der Reibahlen sind auf ungleichmäßigen und zu langen Anschnitt zurückzuführen, da hierbei nur einige Messer im Schnitt stehen und die ganze Arbeit zu leisten haben. Bei Reibahlen mit eingesetzten Messern ist dies besonders gefährlich. Durch ungleichmäßigen Anschnitt wird auch die Bohrung unrund und ratterig.

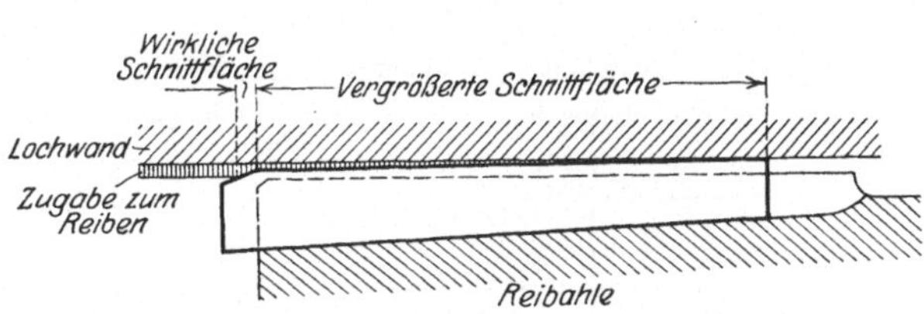

Fig. 49.

Fig. 50.

Form des Anschnittes. Der Anschnitt wird bei Reibahlen für Stahl 15÷20°, bei Gußeisen 4÷5° kegelig angeschliffen. Die vorderen Kanten sind etwas mehr abzuschrägen (Fig. 46). Runder Anschnitt (Fig. 45) sollte grundsätzlich vermieden werden, da er von Hand hergestellt werden muß und dies nicht genau möglich ist. Es werden bei rundem Anschnitt niemals alle Zähne im Schnitt stehen. Runden Anschnitt mit einer besonderen Vorrichtung anzuschleifen empfiehlt sich auch nicht, weil es viel zu umständlich ist. Gerader Anschnitt läßt sich dagegen auf jeder Werkzeugschleifmaschine anschleifen.

Bedeutung des Anschnittes. Zweifellos ist die Ungleichteilung der Zähne sehr nützlich, sogar wohl notwendig, um saubere Löcher zu reiben. Sie reicht allein aber nicht aus, die Hauptsache ist der Anschnitt. Reibahlen mit Ungleichteilung, doch falschem Anschnitt reiben die Bohrung ebenfalls unrund und ratterig.

Durchmesser der Mantelzähne. Die im Handel erhältlichen Reibahlen sind gewöhnlich etwas stärker als das Mittelmaß der Gut- und Ausschußseite des Grenzkaliberdorns. Sie sind deshalb für kaliberhaltige Löcher so nicht verwend-

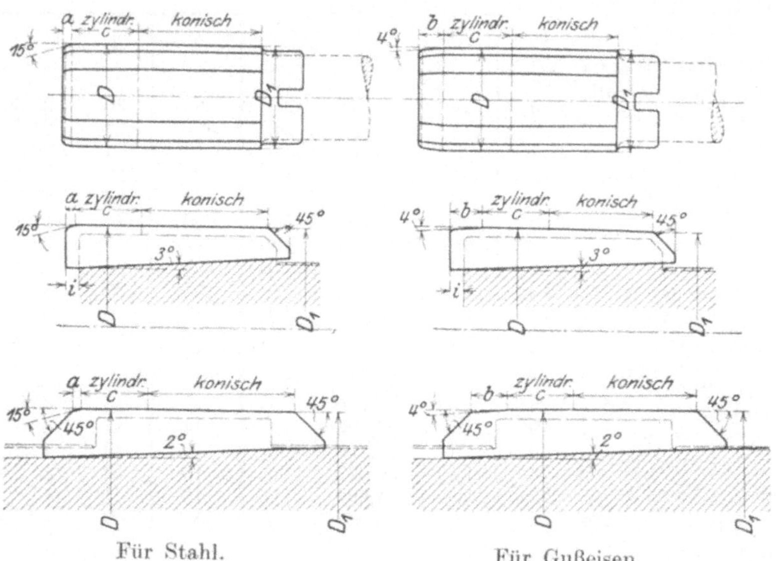

Für Stahl. Für Gußeisen.

Fig. 51. Ausführung der Zähne für Stahl und Gußeisen.

D	i
16–26	3
27—35	3,5
36–42	4
44—55	4,5
58—68	5
70—80	5,5
82—100	6

D	a	b	c	D_1
3–6	1	5	7	D−0,04
7—11	1,5	6	10	D−0,04
12–19	2	7	13	D—0,04
20–37	2,5	9	18	D—0,05
38–68	3	11	24	D—0,06
70–100	3,5	14	38	D—0,06

bar. Der Durchmesser der Reibahle darf nur ein klein wenig stärker sein als die Gutseite des Kalibers, was am besten mit besonderen Einstellkaliberringen (s. Fig. 75, Seite 25) geprüft wird. Er muß deshalb vor dem Gebrauch etwas nachgeschliffen oder nachgewetzt werden. Dieses Nachschleifen der Zähne am Umfang geschieht am zweckmäßigsten auf einer Rundschleifmaschine, kann jedoch auch auf einer Scharfschleifmaschine vorgenommen werden, wenn eine Rundschleifmaschine nicht zur Verfügung steht. Das Schwächerwetzen der Zähne mit einem Ölstein ist möglichst zu vermeiden, da hiermit der äußere Durchmesser leicht unrund gewetzt wird. Mit dem Ölstein sollen nur die Übergangsstellen etwas abgerundet und die Schneiden leicht und sauber abgezogen werden.

Verjüngung nach hinten. Jede Reibahle wird sich am vorderen zylindrischen Teile des äußeren Durchmessers mehr abnützen als am hinteren, so daß sie nach längerem Gebrauch vorn schwächer wird als hinten (Fig. 49). Dasselbe kann auch durch Verwetzen eintreten. Solche Reibahlen schneiden dann auf der ganzen Länge des Zahnes (vergrößerte Schnittfläche Fig. 49), arbeiten sehr schwer und brechen leicht.

Da die Hauptarbeit bei Reibahlen vom Anschnitt geleistet wird, kann der zylindrische Teil nach hinten zu etwas schwächer gehalten werden; Fig. 50 zeigt die richtige Form. Die in Fig. 51 angegebenen Werte für Anschnitt und Verjüngung genügen. Diese Verjüngung ist bei

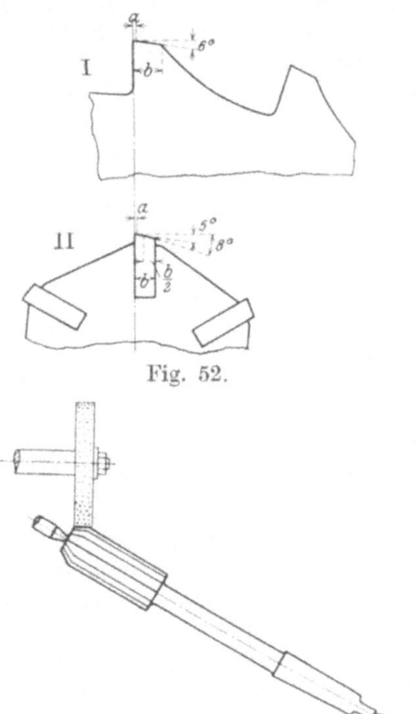

Fig. 52.

Fig. 54. Schleifen des Anschnittes.

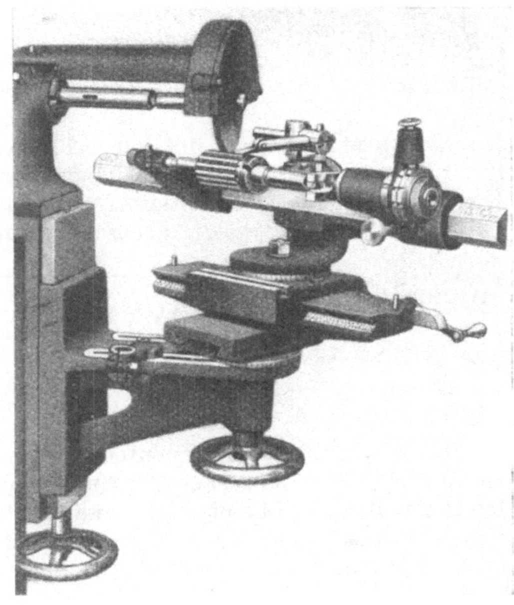

Fig. 53. Scharfschleifmaschine.

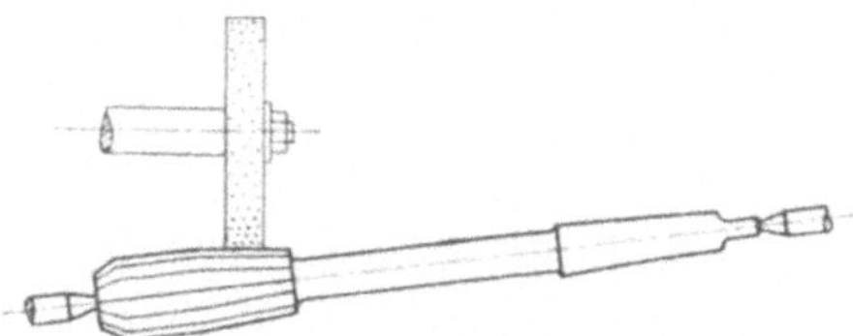

Fig. 55. Schleifen der Verjüngung.

Maschinenreibahlen erforderlich; denn sie laufen nie ganz genau in der Bohrspindel. Durch die Verjüngung des zylindrischen Teiles nach hinten wird die Reibahle auch bedeutend leichter arbeiten, die Zähne werden nie auf ihrer ganzen Länge schneiden, wodurch die Reibung vermindert wird. Die Verjüngung ist auch bei Pendelreibahlen erforderlich, und zwar etwas größer, 0,1÷0,2 mm, weil die Achsen der Reibahle und der Arbeitsspindel, sobald der Revolverkopf ausgenützt ist, nicht mehr übereinstimmen (s. Pendelreibahlen).

Schleifen der Zähne. Nach dem Härten werden die Reibahlen rund geschliffen, dann die Zähne hinterschliffen. Beim Hinterschleifen bleibt eine schmale zylindrische Fase a (Fig. 52) stehen von etwa 0,1÷0,2 mm Breite. Daran schließt sich der Hinterschliff in einem Winkel von etwa 6°. Manchmal hat der Hinterschliff auf etwa $^{1}/_{2}$ b Länge einen Winkel von 5^{0} und dann von 8^{0}, besonders bei eingesetzten Messern mit ihrer größeren Breite (Fig. 52 II).

Das Rundschleifen geschieht auf Rundschleifmaschinen, das Hinterschleifen auf Werkzeugschleifmaschinen. Fig. 53 zeigt das Hinterschleifen der Zähne am Durchmesser, Fig. 54 das des Anschnittes und Fig. 55 das Hinterschleifen der Verjüngung. Außerordentlich wichtig ist der Anschnitt-Hinterschliff von 5^{0}.

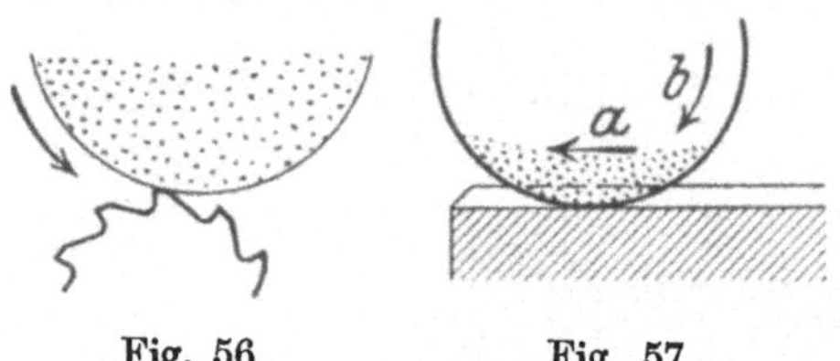

Fig. 56. Fig. 57.

Um scharfe gratfreie Schnittkanten zu erhalten, muß die Schleifscheibe der Schnittkante entgegen laufen, wie Fig. 56 zeigt. Es kommt auch vor, daß die Zahnbrust geschliffen werden muß. Hierbei ist darauf zu achten, daß die Schleifscheibe beim letzten Schliff in Richtung des Pfeiles a (Fig. 57) vorgeschoben wird und gemäß Pfeil b umläuft. Die Übergangsstellen des Anschnittes zum äußeren Durchmesser werden mit einem Ölstein etwas nachgewetzt, ebenso die äußeren Schneidkanten der Zähne.

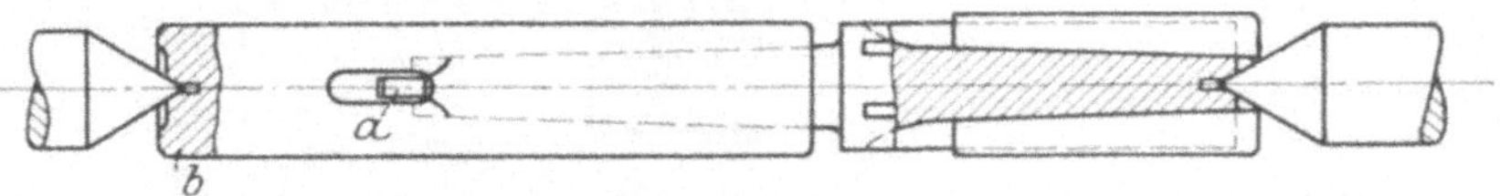

Fig. 58.

Bei gebrauchten Maschinenreibahlen mit kegeligem Schaft ist oft der Körner am Mitnehmerlappen a (Fig. 58) durch das Herausschlagen mit dem Keiltreiber aus der Bohrspindel beschädigt, wodurch die Reibahle in den Spitzen der Schleifmaschine nicht rund läuft. Hier empfiehlt es sich, beim Schleifen eine Kegelhülse b mit einer sauberen Zentrierung aufzusetzen.

D. Pendeln der Reibahlen.

Grund zur Verwendung. Pendelreibahlen haben keine feste Einspannung, sondern pendeln an der Einspannstelle. Sie werden hauptsächlich auf Revolverbohr- und Drehbänken gebraucht. Solange die Maschine neu ist und die Achsen von Maschinenspindel und Werkzeug zusammenfallen, ist eine Pendelreibahle allerdings nicht nötig (Fig. 59). Doch das dauert nicht lange. Durch die fortwährende Hin- und Herbewegung des Revolverschlittens und durch die Drehung des Revolverkopfes nützen sich die Auflageflächen ab, der Kopf senkt sich, so daß die Achse des Werkzeuges tiefer liegt als die Achse der Maschinenspindel (Fig. 60 I).

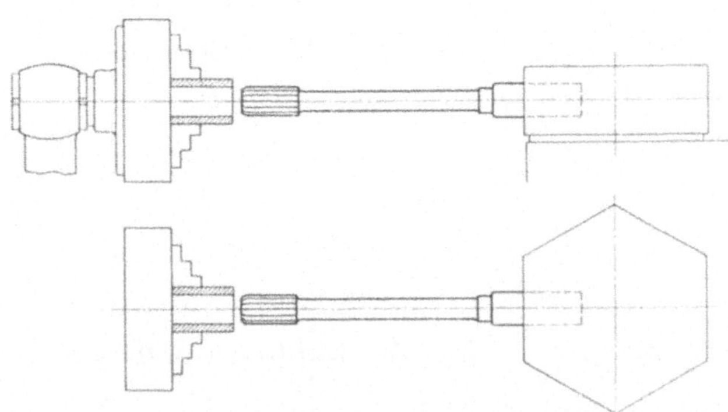

Fig. 59. Reibahlen im Revolverkopf.

Eine weitere Ungenauigkeit tritt durch die Verriegelung des Revolverkopfes nach dem Umschalten ein. Sie ruft einen seitlichen Winkelausschlag α der Werkzeugachse hervor (Fig. 60 II). Eine fest eingespannte Reibahle müßte sich nun in das vorgebohrte Loch hineinzwängen, das Loch würde nicht genau und vorne aufgeweitet werden, d. h. es bekäme „Vorweite" (Fig. 61). Um dies zu vermeiden, werden die Reibahlen pendelnd eingespannt.

Konstruktionen. Die Ausführung dieser Reibahlen und Hülsen ist verschieden. Fig. 62 I zeigt eine einfache Pendelhülse, bei der die Reibahle an dem Druckstift a anliegt und durch einen Stift gegen seitliche Verdrehung gehalten wird. Das Spiel zwischen Reibahlenschaft und Hülse darf nicht zu groß sein, da sich sonst die Reibahle schief einstellt. Das ist besonders bei Reibahlen mit kurzem Anschnitt sehr nachteilig, weil sie sich dann nicht in die Bohrung einführen lassen.

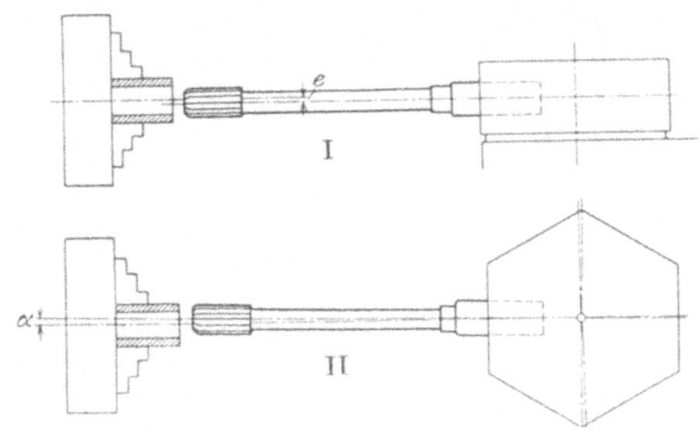

Fig. 60. Reibahlen im Revolverkopf.

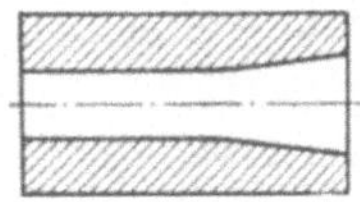

Fig. 61. Bohrung mit Vorweite.

Bei dieser Pendelhülse darf die Druckstelle keinen Körner haben, weil die Reibahle um den Druckpunkt pendeln soll. Das ist sehr nachteilig für sie, besonders wegen der Instandhaltung, da sie nun nicht zwischen Spitzen geschliffen werden kann.

Eine bessere, dabei a u c h e i n f a c h e Ausführung einer Pendelhülse zeigt Fig. 62 II. In der Hülse ist ein bewegliches Druckstück b angebracht, gegen das sich die Reibahle legt. Da sie nun einen Körner haben kann, kann man sie jederzeit zwischen Spitzen nachschleifen. Dadurch wird die Instandhaltung ganz

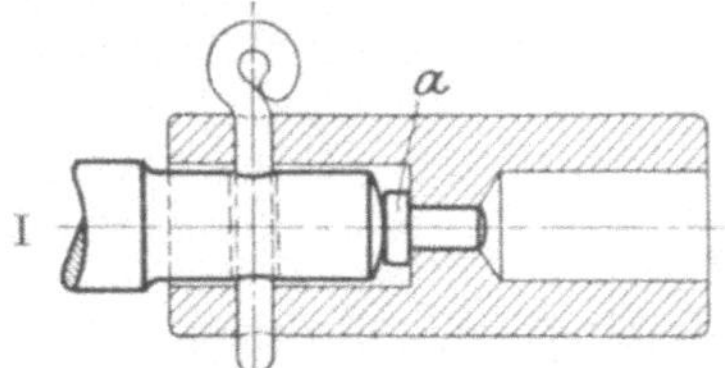

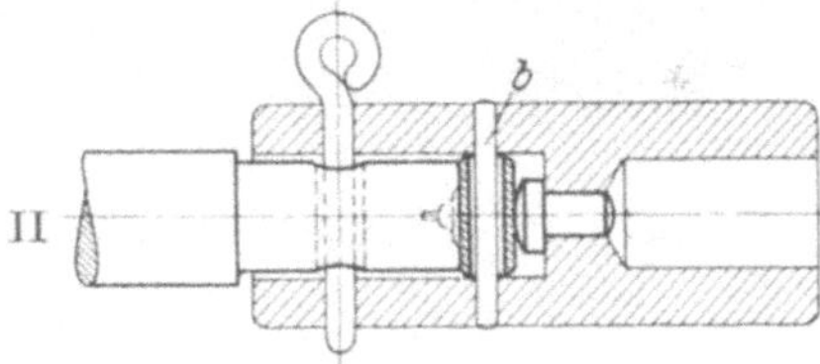

Fig. 62. Pendelhülsen.

bedeutend erleichtert, da man nicht soviel an den Messern mit dem Ölstein zu wetzen braucht statt sie rundzuschleifen.

Eine Pendelhülse, die sich in der Praxis auch bewährt hat, zeigt Fig. 63 und 64. Bei dieser Hülse ist der Pendelpunkt d möglichst nahe an den Drehpunkt des Revolverkopfes verlegt worden (Fig. 64), um den seitlichen Ausschlag der Reibahle besser ausgleichen zu können. Die Pendelhülse besteht aus einer äußeren Hülse a und einer inneren Hülse b. Die äußere wird im Revolverkopf festgespannt, die innere ist beweglich und nimmt die Reibahle auf. Das Spiel der inneren Hülsen ist bei i größer als bei d, es ist bei i 0,2 ÷ 0,3 mm, bei d 0,5 ÷ 1 mm. Ein größeres Spiel ist nicht angebracht.

Um nicht für jede Reibahle eine besondere Pendelhülse haben zu müssen, werden an die Schäfte der Reibahle Mitnahmestücke angeschraubt, wodurch

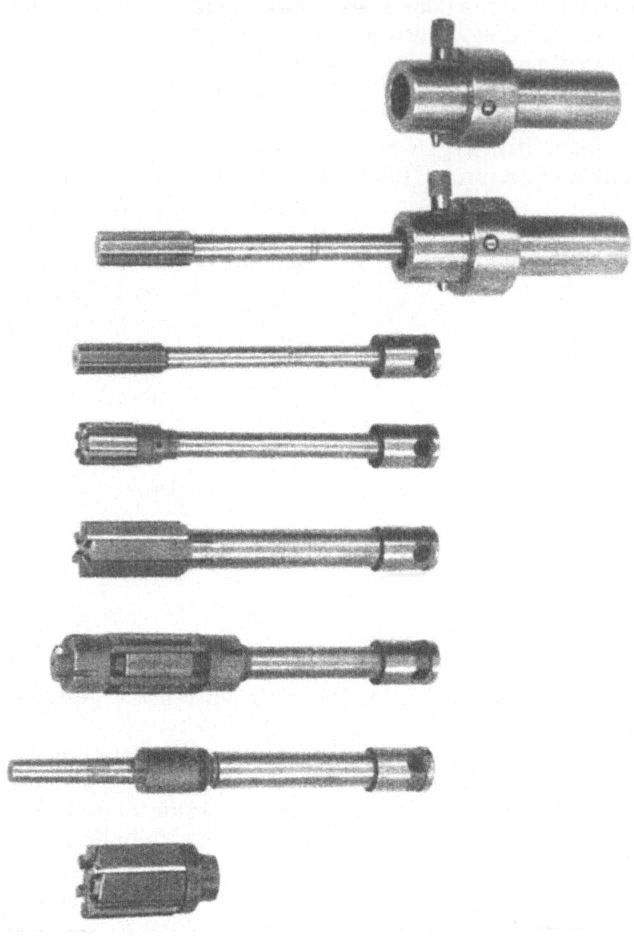

Fig. 63. Pendelhülse und Reibahlen.

es möglich wird, eine Pendelhülse für Reibahlen bis zu 50 mm Durchmesser zu benützen (Fig. 63). Für kleine Reibahlen mit kegeligem Schaft bis zu 15 mm Durchmesser werden Kegelhülsen (Fig. 65) verwendet.

Kegelhülse und Mitnehmerstück müssen in die Aufnahme der inneren Pendelhülse schiebend passen.

Diese Reibahlen lassen sich auch auf Drehbänken mit einer Hülse nach Fig. 66 sehr gut verwenden. Hierbei pendelt jedoch die Reibahle nicht.

In Fig. 67 I und II sind zwei Pendelhalter wiedergegeben, wie sie Schuchardt & Schütte, Berlin, herstellen. Der Halter I ist nur für Aufsteckreibahlen bestimmter Größen verwendbar, während bei dem Halter II der vordere Teil auswechselbar, daher vielseitiger ist.

Hülse und Halter sind gelenkartig zusammengestellt.

Ausführung der Reibahle. Die Reibahle wird sich nur dann einigermaßen einstellen, wenn sie bis etwa zur Hälfte in die Bohrung hineinragt. Das läßt sich meist sehr schlecht erreichen, bei Reibahlen mit kurzem Anschnitt überhaupt nicht, da sie nicht in die Bohrung eingeführt werden können.

Um nun die Differenz, die durch die Knickung am Pendelpunkt entsteht, vollständig auszugleichen, muß die Reibahle im Außen-

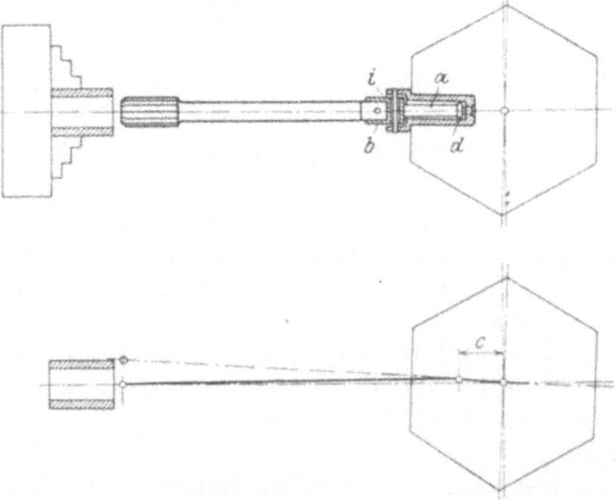

Fig. 64. Pendelhülse und Reibahle im Revolverkopf.

durchmesser nach hinten zu genügend schwächer geschliffen werden (Fig. 68). Das muß im allgemeinen mehr sein als bei gewöhnlichen Maschin-Reibahlen. Ist z. B. der Winkel α zwischen der Bohrungsachse y und der Reibahlenachse $x = 2^0$, so muß der Winkel β der Zähne gegen die x-Achse etwas $> 2^0$ sein (s. auch Seite 18).

Instandhaltung der Maschine. Ist die Differenz der Mittenachsen der Arbeitspindel und des Werkzeuges jedoch sehr groß — die Praxis hat Fälle gezeigt, wo die Werkzeugachse etwa 1 mm tiefer lag als die Spindelachse —, dann erfüllt auch die Pendelreibahle ihren Zweck nicht mehr.

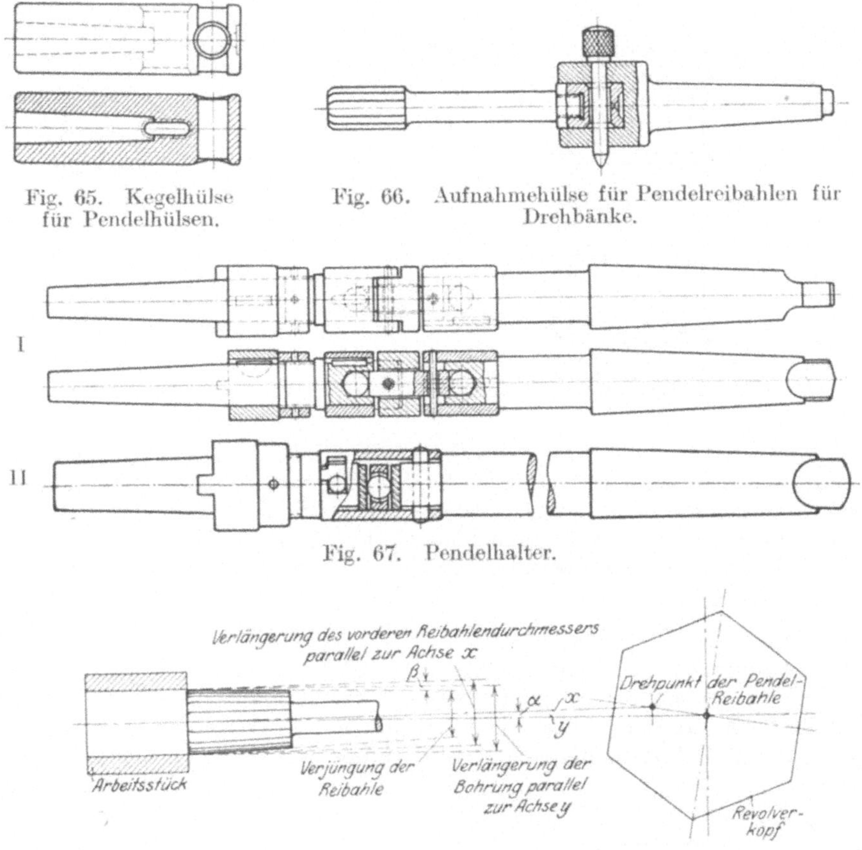

Fig. 65. Kegelhülse für Pendelhülsen.

Fig. 66. Aufnahmehülse für Pendelreibahlen für Drehbänke.

Fig. 67. Pendelhalter.

Fig. 68.

Die Maschine muß dann unbedingt nachgearbeitet werden. Es ist bei Revolverbänken überhaupt nötig, von Zeit zu Zeit festzustellen, wieviel die Veränderung der beiden Mitten beträgt, damit rechtzeitig Abhilfe geschaffen wird.

Die Verlagerung der Achsen von Arbeitspindel und Werkzeug ist nicht nur für die Reibahle schädlich, sondern auch für den Bohrer und Senker. Ist die Veränderung zu groß, so wird immer ein Klemmen und Abdrängen entstehen, wodurch der Revolverkopf vollständig ruiniert wird.

Ein Vorteil wäre es, wenn der Unterschlitten des Revolverkopfes keilförmig in der Höhe verstellbar wäre, um die Abnutzung leichter ausgleichen zu können.

E. Nachreiben auf der Maschine geriebener Bohrungen.

Durch längeren Gebrauch, z. B. schon durch Aufreiben von 20÷30 Büchsen, nützen sich die Zähne der Fertigreibahle am äußeren Durchmesser ein wenig ab, so daß es vorkommt, daß die Gutseite des Grenzkaliberdornes in die Bohrung der zuletzt geriebenen Büchsen etwas schwerer hineingeht. Eine Nachstellung der Fertigreibahle würde sich manchmal nicht lohnen. In diesen Fällen werden die zu engen Bohrungen mit einer verstellbaren Reibahle, die in einem Halter am Werkzeugtisch des Arbeiters eingespannt ist, nachgerieben oder reguliert (Fig. 69).

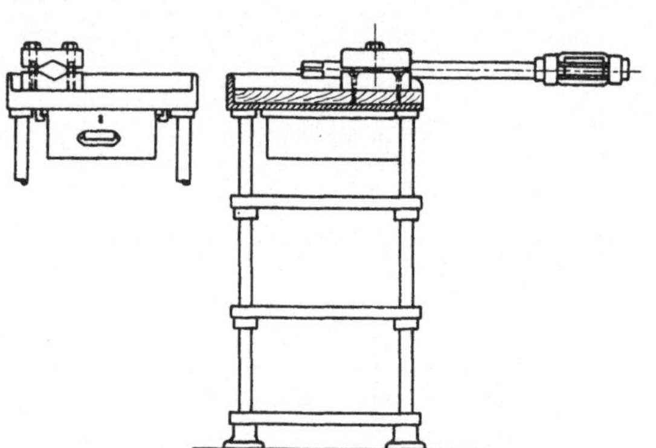

Fig. 69. Werkzeugtisch mit Reibahlenhalter.

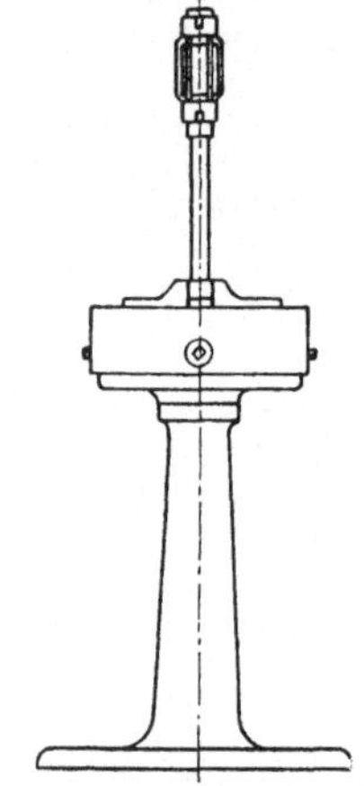

Fig. 70. Ständer mit Vierbackenfutter.

Fig. 70 zeigt einen Ständer mit Vierbackenfutter, in dem die Reibahle im Vierkant senkrecht eingespannt ist. Es ist dies vorteilhafter beim Regulieren größerer Räder, Riemenscheiben, Stufenscheiben u. dgl. Sehr vorteilhaft sind für diese Zwecke die Einzahnreibeahlen (s. Fig. 5, Seite 4).

Fig. 71 zeigt eine Kluppe zum Einspannen der nachzuarbeitenden Arbeitsstücke.

F. Instandhaltung der Reibahlen.

Die Abnützung der Schneidzähne am Außendurchmesser macht sich bei Reibahlen um so mehr bemerkbar, als mit der Reibahle genau kaliberhaltige Löcher gerieben werden sollen. Das ist mit festen Reibahlen nur kurze Zeit möglich, da die Zähne nicht nachgestellt werden können, so daß die Reibahlen für genaues Maß bald unbrauchbar werden.

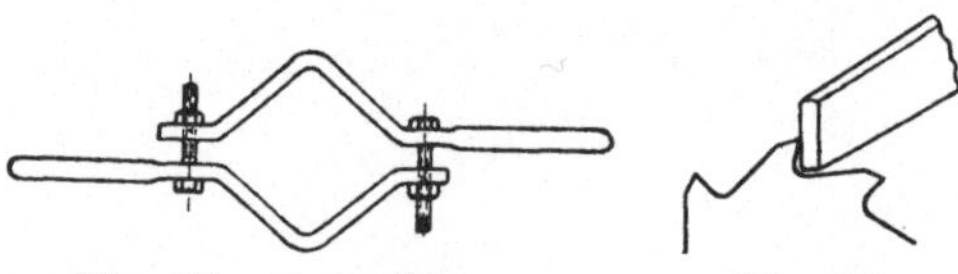

Fig. 71. Spannkluppe. Fig. 72.

Bei nachstellbaren Reibahlen dagegen läßt sich der Durchmesser vergrößern bzw. verkleinern, weshalb diese Reibahlen eine bedeutend längere Lebensdauer haben als die festen.

Die Schneidzähne dürfen nie stumpf und rissig sein, sonst reiben sie keine sauberen Löcher. Daher müssen die Reibahlen nach dem Gebrauch immer nachgesehen, wieder geschärft und auf den Durchmesser geprüft werden; dann sind sie stets verwendungsbereit.

Aufarbeiten fester Reibahlen. Die Schneidzähne der festen Reibahlen werden, wenn sie im Durchmesser nicht mehr genau maßhaltig sind, mit einem harten Stahl, der an die Schneidkante der Zähne angesetzt wird, etwas aufgezogen (Fig. 72). Das nützt jedoch nur, wenn die Abnützung sehr gering ist, da sich durch das Aufziehen nur ein feiner Grat bildet. Dieses Vorgehen kann einige Male wiederholt werden. Ist es im harten Zustand nicht mehr möglich, so kann die Reibahle ausgeglüht und im weichen Zustande aufgezogen werden. Dann wird sie wieder gehärtet und scharf geschliffen. Ist ein Aufziehen auch im weichen Zustand nicht mehr möglich, so muß die Reibahle für den nächst kleineren Durchmesser umgearbeitet werden.

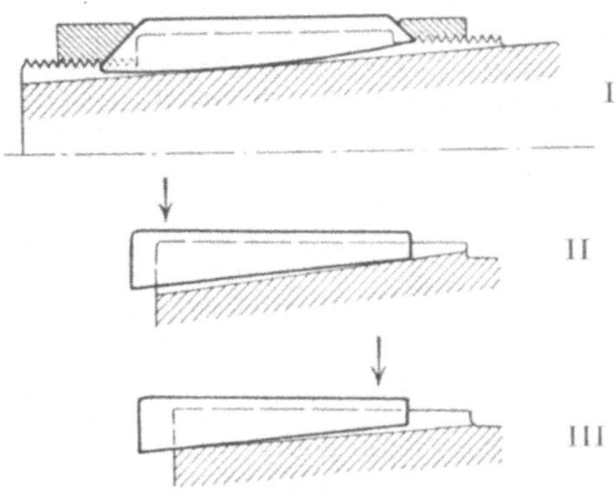

Fig. 73.

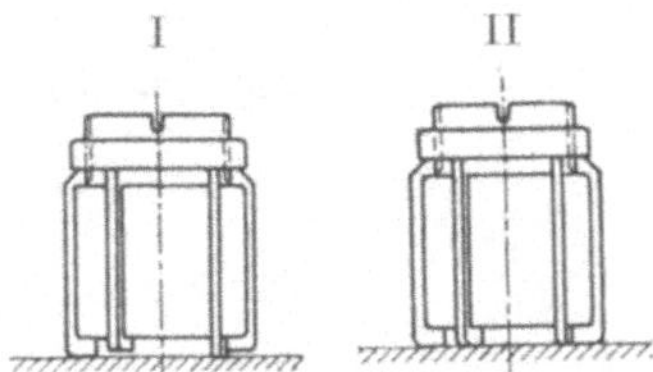

Fig. 74.

Aufarbeiten nachstellbarer Reibahlen. Bei nachstellbaren Reibahlen ist es leichter, den Durchmesser zu vergrößern oder zu verkleinern; je nach der Konstruktion braucht man nur den Körper durch eine Schraube oder eine Kugel zu spreizen oder die eingesetzten Messer auf ihrer schrägen Unterlage etwas voranzuschieben. Die Messer dürfen deshalb nicht allzu stramm eingepaßt werden. Bei der Konstruktion ohne Mutter werden die Messer mit einem Kupferdorn vorgetrieben. Die Messer sollen auf dem Grund des Schlitzes aufliegen und nicht schaukeln (Fig. 73 I ÷ III). Nach dem Verstellen werden die Messer mit einem Holz- oder Kupferhammer durch leichte Schläge zur Auflage gebracht. Ist ein Nachstellen nicht mehr möglich, so können dünne Blechstreifen unter die Messer gelegt werden, um sie voll auszunützen. Ist auch dies nicht mehr möglich, dann müssen neue Messer eingesetzt werden.

Fig. 75. Einstellkaliberring.

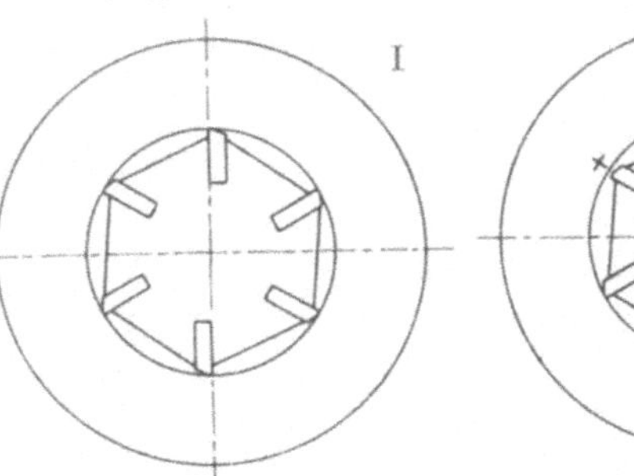

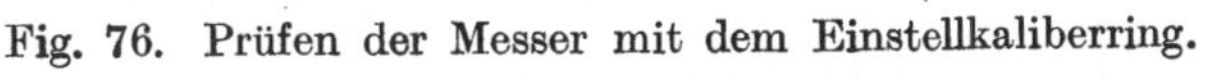

Fig. 76. Prüfen der Messer mit dem Einstellkaliberring.

Die Messer müssen an der Stirnseite der Reibahlen gleichmäßig vorstehen (Fig. 74 II). Durch ungleichmäßiges Vorstehen (Fig. 74 I) kommen nur einige Messer zum Anschnitt, haken leicht ein und brechen ab. Nach dem Nachstellen sind die Messer, wenn möglich rund und scharf zu schleifen und mit einem Ölstein sauber abzuziehen. Bei gewetzten Reibahlen liegen gewöhnlich nur einige Messer am Einstellkaliberring an.

Fig. 77. Ölstein mit Holzfassung.

Zum genauen Einstellen dient der Einstellkaliberring (Fig. 75). Alle Zähne sollen an der Innenwand anliegen (Fig. 76 I). Das ist natürlich nur möglich, wenn der Durchmesser auf der Maschine geschliffen wird. Liegen die Messer

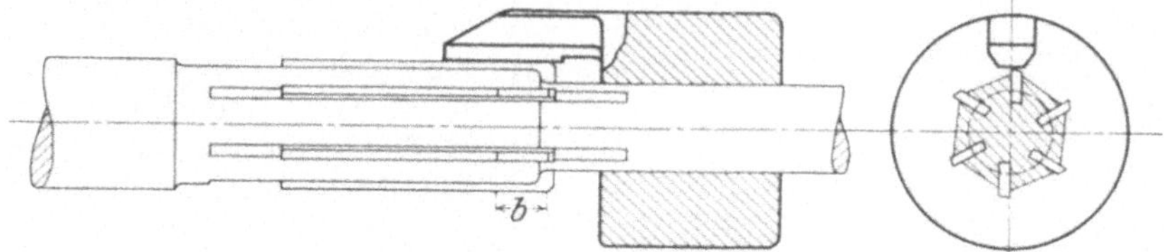

Fig. 78. Einstellkaliberring für Führungsreibahlen.

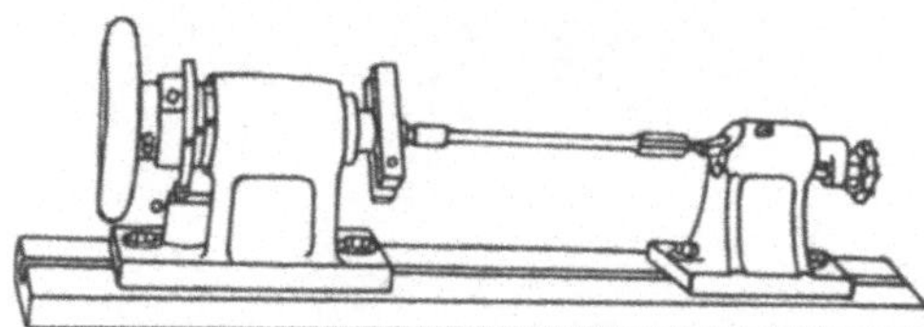

Fig. 79. Spitzenapparat zum Prüfen der Reibahlen auf Rundlaufen.

wie in Fig. 76 II nicht alle an, so wird die Reibahle schlecht arbeiten. Der Ölstein, den man zum Abziehen benutzt, erhält zweckmäßig eine Holzfassung (Fig. 77), damit er sich besser halten läßt. Bei Reibahlen mit Führungsschaft ist besonders darauf zu achten, daß die Mantelzähne zentrisch zum Führungsschaft laufen, damit die Reibahle nicht größer reibt. Es ist wichtig, sie nach dem Größerstellen rund zu schleifen oder beim Nachwetzen einen Einstellkaliberring nach Fig. 78 zu verwenden. Mit diesem Ring ist es möglich, den Durchmesser und das gleichmäßige Vorstehen der Messer auf die Länge e zum Führungsschaft zu prüfen. Die Messer sind ebenfalls nach hinten zu verjüngen.

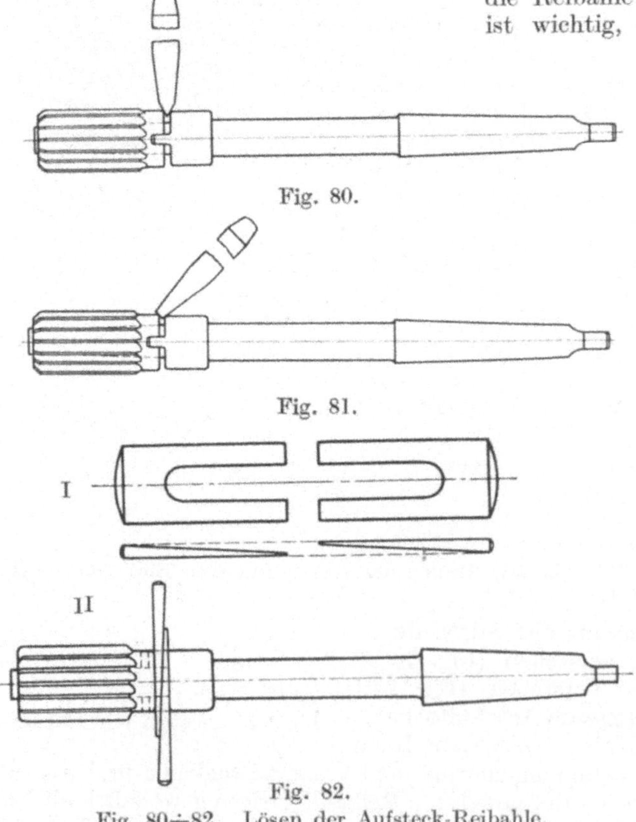

Fig. 80÷82. Lösen der Aufsteck-Reibahle.

Kontrollieren auf Rundlaufen. Es ist auch nötig, von Zeit zu Zeit nachzusehen, ob die Reibahlen noch rund laufen. Reibahlen, die nicht laufen, reiben die Löcher zu groß. Zum Prüfen dient ein Spitzenapparat (Fig. 79). Mit einem Fühlhebel kann der Schlag genau gemessen werden. Reibahlen, die nicht laufen, müssen gerichtet werden.

Lösen der Aufsteckreibahlen. Aufsteckreibahlen mit kegeliger Bohrung haben den Nachteil, daß sie sich beim Arbeiten durch die Wärme ausdehnen und dann weiter auf den Halter aufschieben. Beim Erkalten saugen sie sich auf dem kegeligen Schaft fest und sind bei Haltern ohne Abdrückmutter sehr schwer zu entfernen. Es wird dann gewöhnlich ein Flachmeißel oder sonst ein Stück Eisen verwendet, um die Reibahle vom Halter herunterzubekommen (Fig. 80 und 81). Dadurch werden natürlich Reibahle und Halter ruiniert.

Ein zur Not brauchbares, einfaches Hilfsmittel sind zwei Keile (Fig. 82 I). Sie werden zwischen Reibahle und Mitnehmerring (Fig. 82 II) geschoben, und durch einen Schlag mit dem Hammer auf einen löst sich die Reibahle sehr leicht.

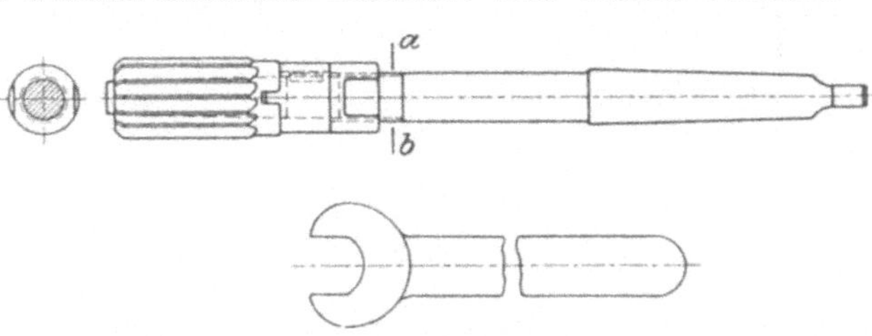

Fig. 83. Reibahlenhalter mit Abdrückmutter.

Viel richtiger aber ist, einen Reibahlenhalter mit Abdrückmutter (Fig. 83) zu verwenden. Der Mitnehmerring ist verschiebbar und wird nach dem Aufstecken der Reibahle an diese herangeschoben; dann wird die Mutter gegengeschraubt. Die Reibahle kann sich jetzt nicht weiter auf den kegeligen Aufnahmezapfen aufschieben und dadurch auch nicht festsaugen. Durch Anziehen der Mutter löst sich die Reibahle sehr leicht, ohne daß Reibahle und Halter beschädigt werden. Diese Halter dürften in keinem Betriebe fehlen.

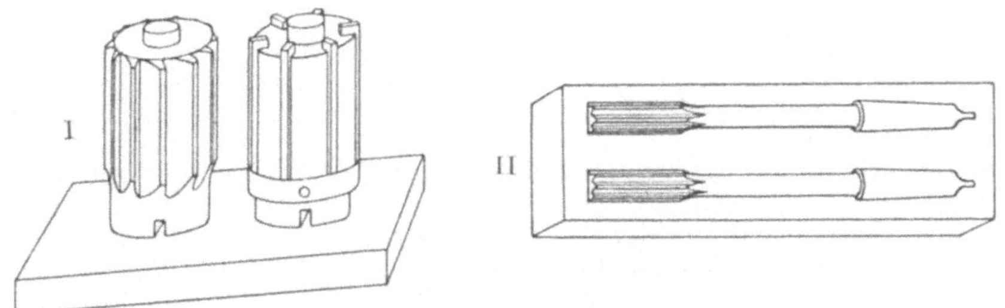

Fig. 84. Auflagebretter für Reibahlen.

Schutz und Aufbewahrung. Um die Schneidzähne der Reibahlen vor Beschädigung zu wahren, ist es zweckmäßig, sie mit Schutzhülsen aus Pappe zu versehen. Aufsteckreibahlen können auch auf Bretter gestellt werden, und zwar zweckmäßig Vor- und Nachreibahle zusammen (Fig. 84). Entsprechend können Reibahlen mit Schaft aufbewahrt werden (Fig. 84 II).

Es erleichtert dies auch die Ausgabe aus dem Werkzeuglager, indem auf zwei Reibahlen nur eine Marke zu geben ist.

G. Spannwerkzeuge.

Die Spannwerkzeuge für Reibahlen sind zum Teil dieselben wie für Bohrer. Es sollen hier nur diejenigen erwähnt werden, die im Heft „Bohren“ nicht aufgeführt sind.

Führungshülsen. Führungshülsen (Fig. 85) dienen zur genauen Führung der Reibahle (oder auch des Bohrers) beim Bohren und Reiben zweier gegenüberliegender Bohrungen. Die Hülse führt sich in der zuerst fertiggestellten

Bohrung, um die gegenüberliegende genau fluchtend zur ersteren herstellen zu können. Die Abmessungen der Hülsen können dieselben sein wie die der Verlängerungen (s. „Bohren“, Seite 54), nur mit dem Unterschied, daß die Führungshülsen maßhaltig im Durchmesser, gehärtet und geschliffen sein müssen, damit sie in der Bohrung gut laufen und nicht festfressen. Für alle Fälle ist es jedoch zu empfehlen, sie noch in Führungsbuchsen (Fig. 86) laufen zu lassen,

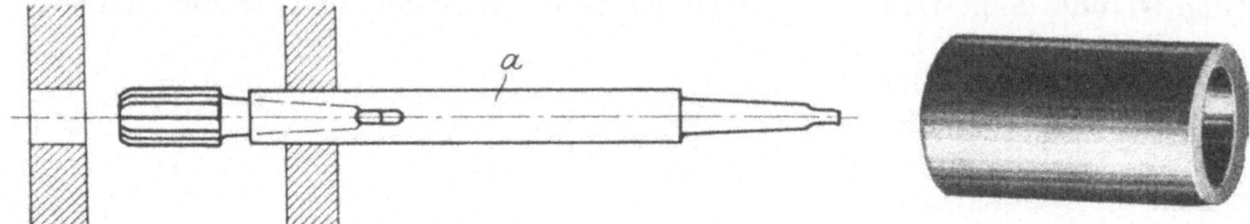

Fig. 85. Fig. 86. Führungsbüchse.

damit bei einem Festfressen die fertige Bohrung nicht beschädigt wird. Fig. 87 zeigt ein Anwendungsbeispiel.

Konushülsen mit Vierkant. Um Reibahlen mit Kegelschaft als Handreibahlen unter Verwendung eines Windeisens benutzen zu können, sind Hülsen mit Außenvierkant recht geeignet (Fig. 88).

Pendelhülsen. Sie dienen zum Einspannen der Pendelreibahlen und werden auf Revolverdreh- und Bohrbänken benutzt, um die Differenz zwischen Spindel-

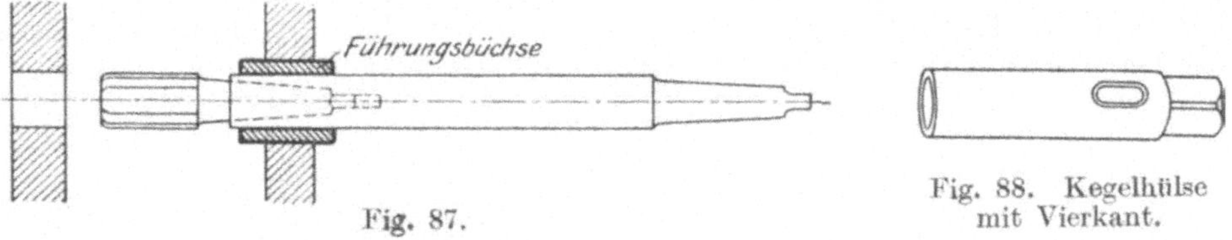

Fig. 87. Fig. 88. Kegelhülse mit Vierkant.

achse und Revolverkopfbohrung nach erfolgter Abnützung einigermaßen auszugleichen (s. Pendelreibahlen, Seite 20).

Pendelhülsen für Wagerechtbohrerei. Pendelhülsen werden auch in der Wagerechtbohrerei verwendet, und zwar dort, wo ein Werkstück bereits gebohrt und gerieben ist und durch dieses die Löcher eines zweiten dazu gehörigen Werkstückes gebohrt und gerieben werden sollen (Fig. 89).

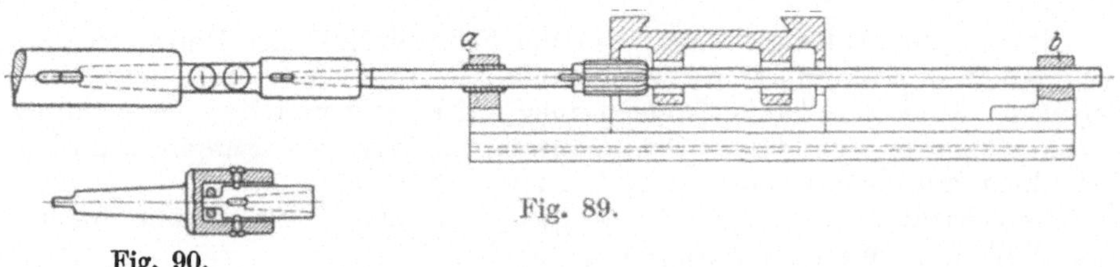

Fig. 89.

Fig. 90.

Die Führungsbohrstange oder der Reibahlenhalter wird in den bereits gebohrten Löchern a und b geführt und die Achsen der Bohrspindel und Bohrstange müßten nun zum Fluchten gebracht werden. Bei Wagerechtbohrwerken ist das schwierig und zeitraubend. Eine Pendelhülse erleichtert das Einstellen ganz bedeutend, da sie ein genaues Fluchten der Achsen unnötig macht. Das Spiel in der Hülse gestattet eine kleine Abweichung der beiden Achsen.

Das Pendelfutter kann nach Fig. 89 mit einem doppelten Kugelgelenk oder nach Fig. 90 und 91 mit einer beweglichen Kegelhülse ausgeführt werden.

Der Nachteil des Kugelgelenkfutters ist, daß es teurer ist und daß es vor dem Einführen der Bohrstange herunterhängt und bei unvorsichtigem Einschalten der Maschine, herumschleudert.

Halter für Aufsteckreibahlen. Zum Festhalten der Aufsteckreibahlen verwendet man Halter nach Fig. 92 ÷ 94 mit Kegel oder Vierkantschaft. Letztere sind für Handgebrauch bestimmt, können aber auch für Pendelhalter umgearbeitet werden.

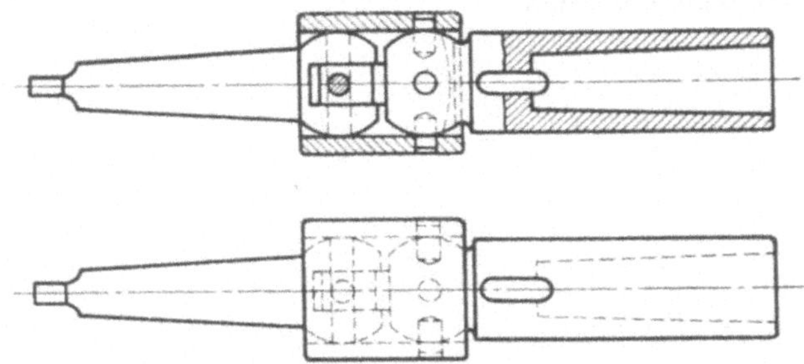

Fig. 91. Pendelfutter für Wagerecht-Bohrmaschinen.

Von dem kegeligen Aufnahmezapfen wird die Reibahle durch eine Mutter gelöst, die gegen den Mitnehmerring geschraubt wird. Halter ohne Mutter zum Abdrücken sind nicht praktisch (s. auch Lösen der Aufsteckreibahlen Seite 27).

Fig. 92. Gewöhnlicher Reibahlenhalter.

Die Halter sind je nach Bedarf kurz oder lang. Fig. 93 I und II zeigen kurze Halter mit kegeligem und zylindrischem Schaft, von denen die mit zylindrischem Schaft nur auf Revolverbänken, die mit kegeligem Schaft überall verwendet werden. Fig. 94 zeigt einen Halter für Reibahlen mit zylindrischer Bohrung. In Fig. 95 ist ein Pendelhalter dargestellt.

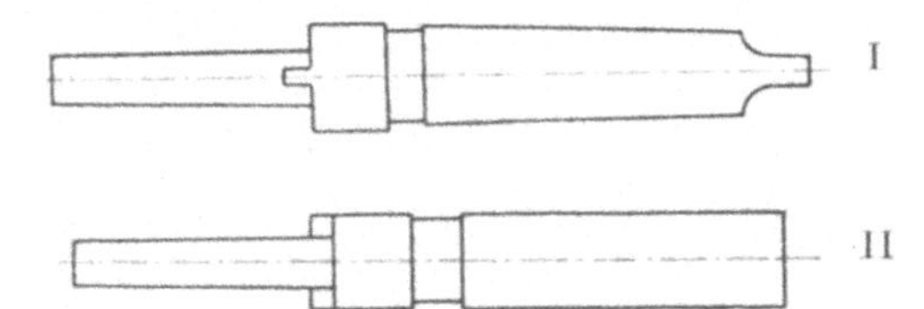

Fig. 93. Kurze Reibahlenhalter.

Für Wagerechtbohrerei verwendet man häufig zylindrische Stangen mit mehreren Mitnehmerschlitzen, um die Reibahlen an verschiedenen Stellen verwenden zu können, ohne den Halter zu wechseln (Fig. 96).

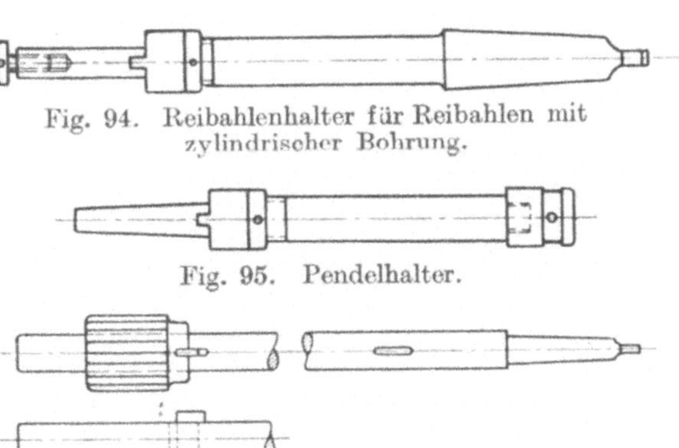

Fig. 94. Reibahlenhalter für Reibahlen mit zylindrischer Bohrung.

Fig. 95. Pendelhalter.

Fig. 96. Langer Reibahlenhalter für Wagerechtbohrmaschinen.

Beim Reiben in Vorrichtungen auf Senkrecht-Bohrmaschinen finden auch Halter nach Fig. 97 I ÷ III Verwendung. Diese Halter werden zweimal bei a und b geführt, so daß die Reibahle nicht verlaufen kann.

Der Halter Fig. 97 I ist für eine Aufsteckreibahle mit kegeliger Bohrung bestimmt, die außer im Kegel auch noch durch einen Mitnehmerring c gehalten wird, während die Abdrückmutter e sie vom Kegel ablöst.

Die Halter Fig. 97 II ; III sind für Aufsteckreibahlen mit zylindrischer Bohrung, die durch einen Ring c bzw. durch einen Stift d mitgenommen werden. Als Schutz für das Herabfallen der Reibahle dient der Stellring h.

Diese Reibahlenhalter können natürlich auch in der Wagerechtbohrerei verwendet werden.

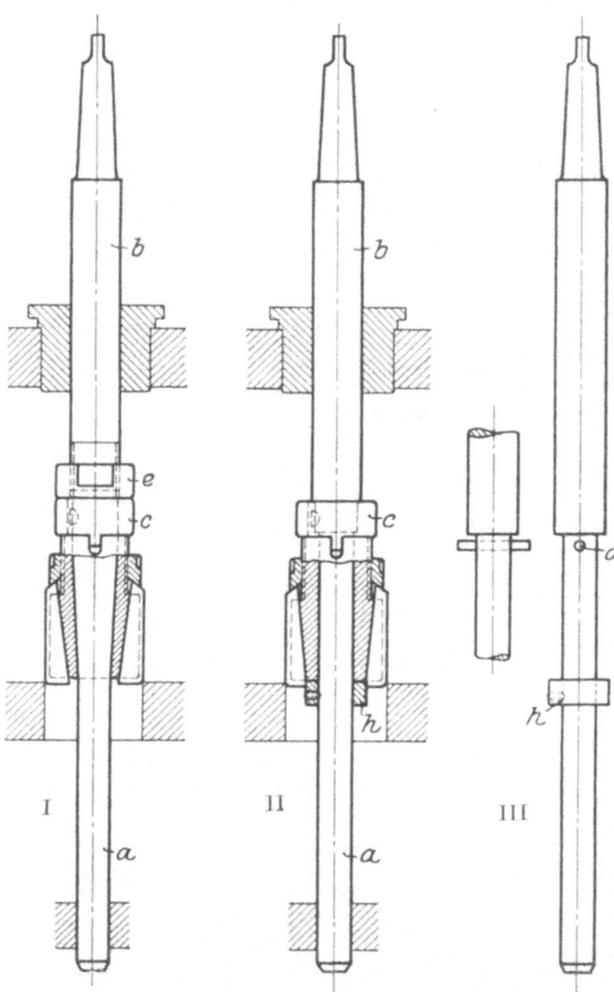

Fig. 97. Reibahlenhalter mit Führung.

H. Die vorgebohrte Bohrung.

Untermaße für Reibelöcher. Es ist wichtig für das Reiben, daß das zu reibende Loch gut vorgebohrt ist, so daß die Reibahle wenig zu schneiden hat. Mit Spiralbohrern wird man nur bis zu einer gewissen Größe (etwa bis 20 mm) zum Reiben vorbohren. Bei größeren Bohrungen wird das letzte Nachbohren zum Reiben mit einem Drei- oder Vierschneider oder mit einer Bohrstange ausgeführt, da der Spiralbohrer kein sauberes Loch liefert und besonders bei zähem oder filzigem Material tiefe Risse in der Bohrung hinterläßt, die beim Reiben nicht herauskommen. Ist außerdem der Bohrer nicht haargenau auf Mitte geschliffen, so bohrt er zu groß, so daß das Loch beim Reiben nicht sauber wird.

In Tabelle 2 sind Untermaße für das Reiben angegeben, die sich in der Praxis bewährt haben. Sie stimmen mit Angaben des NDI überein, soweit diese vorliegen.

Die Anschnittfläche des Arbeitsstückes ist womöglich gerade zu drehen oder auszusenken (Fig. 98), damit die Reibahle beim Anschneiden reines Material bekommt.

Ist dies nicht der Fall, was häufig bei Gußeisen vorkommt, ist also die vordere Fläche des Arbeitsstückes uneben und roh, so wird die Reibahle ungleichmäßig anschneiden und wird abgedrückt; die Zähne haken leicht ein und brechen aus, auch wird die Bohrung unsauber.

Tabelle 2.

Untermaße für Reibelöcher in Millimeter.

	Werkzeug	Spiral-Bohrer	Dreischneider	Bohrstange oder Vierschneider	Bohrstange
	Es wird gerieben mit	Vor- und Nachreibahle			Nachreibahle
Loch-∅ in mm	0,8—1,2	0,05			
	über 1,2—1,6	0,1			
	,, 1,6—3	0,15			
	,, 3—6	0,2			
	,, 6—10	0,3			
	,, 10—18	0,3	0,3		0,2
	,, 18—30		0,4	0,3	0,2
	,, 30—50		0,5	0,4	0,2
	,, 50—100			0,4	0,2
	,, 100—150				0,2

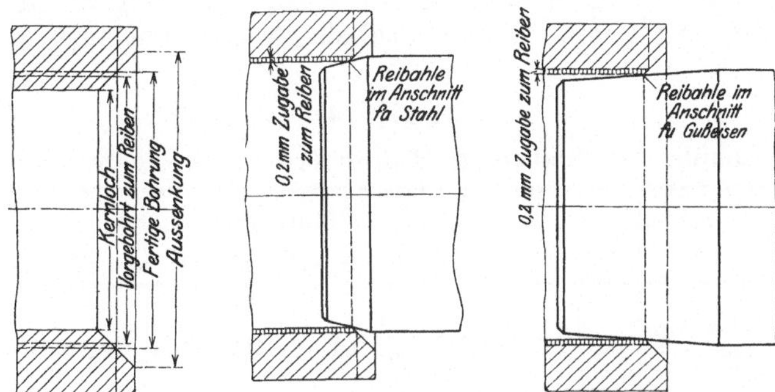

Fig. 98.

J. Schnittgeschwindigkeit und Vorschub.

Schnittgeschwindigkeit. Die Schnittgeschwindigkeit ist beim Reiben bedeutend geringer als beim Bohren. Die kompliziertere Ausführung der Reibahle gestattet keine so hohe Schnittgeschwindigkeit, auch würden sich die feinen Schneiden der Zähne am Durchmesser sehr bald abnützen und so die Lebensdauer der Reibahle verkürzen. Reibahlen aus Schnellstahl können deshalb auch nicht voll ausgenützt werden, haben allerdings eine längere Lebensdauer als Reibahlen aus Kohlenstoffstahl, da sie länger die Schneide halten. Sie eignen sich besonders für Gußeisen oder sonst hartes Material, reiben allerdings keine so saubere Bohrung wie Reibahlen aus Kohlenstoffstahl, weil Schnellstahl die Eigenschaft hat, Material an der Schneide anzusetzen. In Tabelle 3 sind bewährte Werte für das Reiben angegeben.

Vorschub. Der Vorschub ist wegen der geringen Spanabnahme und der großen Zähnezahl größer als beim Bohren. Er soll bei Maschinenreibahlen stets zwangläufig und gleichmäßig erfolgen, damit man saubere Löcher erhält und die Reibahle vor Bruch bewahrt wird; denn beim Reiben arbeiten stets mehrere Schneidzähne zugleich und bei ungleichmäßigem und zu großem Vorschub haken die Zähne ein und brechen.

Tabelle 3.

Schnittgeschwindigkeiten für Reiben in Metern für 1 Minute.

Zu bearbeitender Werkstoff		Reibahle aus	
		Werkzeugstahl	Schnellstahl
Gußeisen	weich mittel hart	4—5 3—4 2—3	5—6 4—5 3—4
Maschinenstahl Werkzeugstahl Stahlguß Temperguß Hart-Bronze	weich mittel hart	4—5 3—4 2—3	5—6 4—5 3—4
Rotguß Messing Aluminium	weich mittel hart	10—12 8—10 6—8	12—15 10—12 8—10

Wo es nicht möglich ist, die Reibahle zwangläufig vorzuschieben, der Vorschub also von Hand erfolgen muß, hat dies sehr vorsichtig zu geschehen. Der Vorschub beträgt 0,5 ÷ 4 mm. In der Tabelle 4 sind angemessene Werte angegeben.

Tabelle 4.

Vorschübe für Reiben in Millimetern für 1 Umdrehung.

Zu bearbeitender Werkstoff	Reibahle aus	Bohrungen in mm							
		1—5	6—10	11—15	16—25	26—40	42—60	62—100	102—200
Stahl Stahlguß Temperguß Hart-Bronze	Werkzeugstahl und Schnellstahl	0,3	0,3—0,4	0,3—0,4	0,4—0,5	0,5—0,6	0,5—0,6	0,6—0,75	0,75—1
Gußeisen, Rotguß, Messing, Aluminium	Werkzeugstahl und Schnellstahl	0,5	0,5—1	1—1,5	1—1,5	1,5—2	1,5—2	2—3	3—4

K. Schmierung.

Die Schmiermittel sind für Reibahlen dieselben wie für Bohrer. Beim Reiben von Stahl und Temperguß ist reichlich zu schmieren, entweder mit Bohröl oder dünnflüssigem Mineralöl. Gußeisen, Bronze und Messing können trocken gerieben werden; ein wenig Schmierung schadet jedoch nicht, da dadurch die Bohrung sauberer und glatter wird (s. auch Schmiermittel „Bohren" Seite 59).

L. Einige Arbeitsbeispiele.

1. Herstellung einer Bohrung aus vollem Material auf der Senkrechtbohrmaschine.

a) Bohrungen bis 20 mm Durchmesser (Fig. 99).

1. Arbeitsgang: Mit Untermaßbohrer vorbohren zum Reiben.
2. „ Vorreiben.
3. „ Nachreiben.

Bei Bohrungen bis 20 mm kann gleich mit dem Untermaßbohrer gebohrt werden, vorausgesetzt, daß die Spitze des Bohrers genau auf Mitte geschliffen ist, so daß der Bohrer nicht zu groß bohrt. Löcher bis zu 10 mm können auch gleich mit der Nachreibahle fertiggerieben werden.

b) Bohrungen über 20 bis 40 mm Durchmesser (Fig. 100).

1. Arbeitsgang: Mit einem 2 mm kleineren Bohrer als die Fertigbohrung vorbohren.
2. ,, Mit einem Drei- oder Vierschneider nachbohren.
3. ,, Vorreiben.
4. ,, Nachreiben.

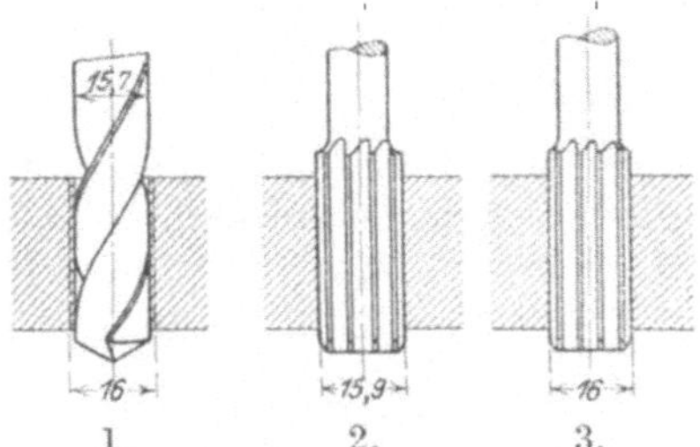

Fig. 99. Beispiel 1a.

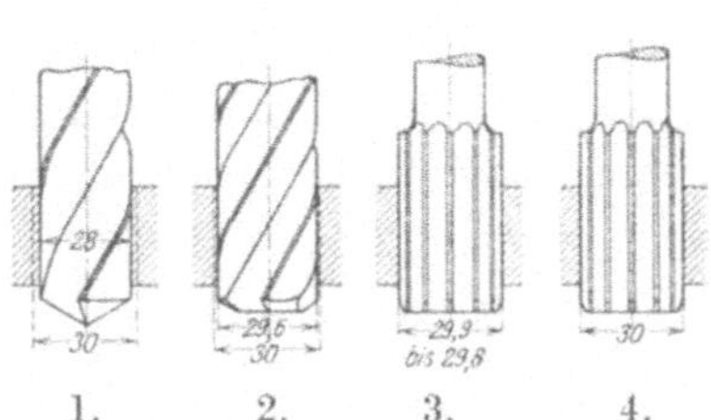

Fig. 100. Beispiel 1b.

Bei Bohrungen über 20 mm bis 40 mm Durchmesser empfiehlt es sich, mit einem 2 mm im Durchmesser kleineren Bohrer vorzubohren und den letzten Span mit einem Senker (Drei- oder Vierschneider) nachzubohren, da bei größeren Bohrungen der Spiralbohrer infolge des großen Widerstandes etwas auffedert, dadurch unsauber und zu groß bohrt, ferner bei zähem oder filzigem Material reißt und tiefe Risse in der Bohrung hinterläßt, die beim Reiben nicht herauskommen.

c) Bohrungen über 40 bis 100 mm Durchmesser.

1. Arbeitsgang: Mit einem oder mehreren Spiralbohrern oder Senkern vorbohren auf 2 mm Untermaß.
2. ,, Mit einem Drei- oder Vierschneider nachbohren.
3. ,, Vorreiben.
4. ,, Nachreiben.

Bohrungen über 40 mm Durchmesser können oft nicht mit einem Bohrer vorgebohrt werden, es erfolgt dann eine Unterteilung, wie oben angegeben.

2. Bohren und Reiben einer Verbindungsstange mit vorgegossenen Löchern (Fig. 101).

1. Arbeitsgang: Mit Dreischneider (Senker) durch die Bohrbüchse auf 2 mm Untermaß vorbohren.
2. ,, Mit Dreischneider (Senker) zum Reiben durch die Bohrbüchse nachbohren.
3. ,, Vorreiben durch die Reibebüchse.
4. ,, Nachreiben durch die Reibebüchse.

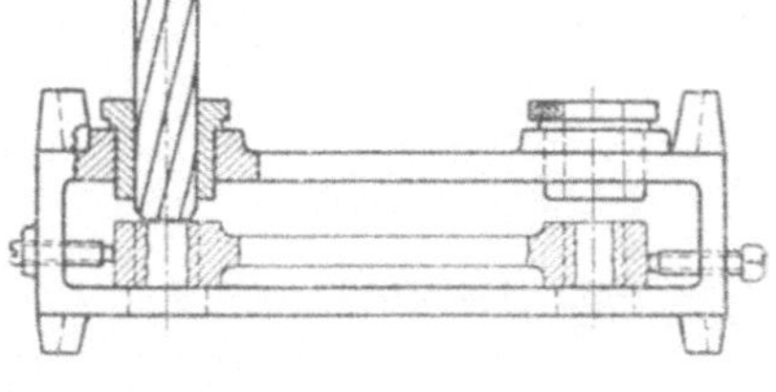

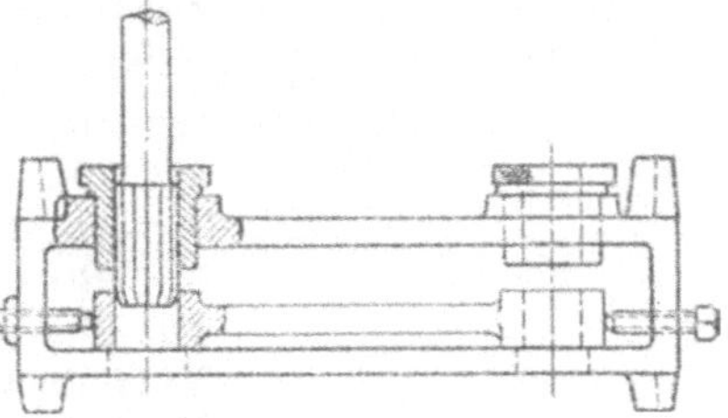

Fig. 101. Beispiel 2.

Bei Bohrvorrichtungen wird durch die Reibebüchse gerieben, um genau parallele Löcher in genauer Entfernung zu erhalten.

3. Herstellung einer Bohrung aus vollem Material auf Revolverbohr- und Drehbänken (Fig. 102).

1. Arbeitsgang: Zentrieren.
2. „ Mit Spiralbohrer 2 mm kleiner bohren als die Fertigbohrung.
3. „ Mit Spiralsenker nachbohren zum Reiben.
4. „ Vorreiben (mit Pendelreibahle).
5. „ Nachreiben (mit Pendelreibahle).

Bohrungen, die zum Außendurchmesser genau laufen sollen, sind mit der Bohrstange zum Reiben nachzubohren, da diese sich nicht verläuft.

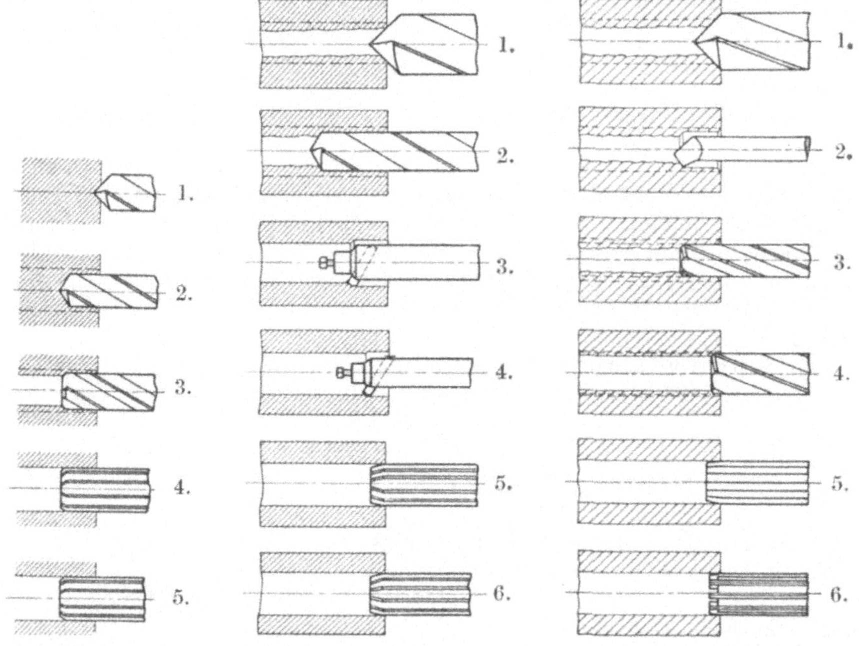

Fig. 102. Beispiel 3. Fig. 103. Beispiel 4. Fig. 104. Beispiel 5.

4. Her tellung einer Bohrung mit vorgegossenem Kernloch auf Revolverbohr- und Drehbänken (Fig. 103).

1. Arbeitsgang: Zentrieren.
2. „ Bei kleineren Bohrungen mit Spiralbohrer 2 mm kleiner vorbohren als die Fertigbohrung.
3. „ Mit Bohrstange nachbohren.
4. „ Mit Bohrstange zum Reiben nachbohren.
5. „ Vorreiben (mit Pendelreibahle).
6. „ Nachreiben (mit Pendelreibahle).

Die Zentrierung hat so tief zu erfolgen, daß der Spiralbohrer reines Material bekommt. Vorgegossene Löcher mit Spiralbohrer vorbohren hat allerdings den Nachteil, daß sich der Bohrer leicht nach dem vorgegossenen Kernloch verläuft;

es ist möglichst zu vermeiden. Bohrungen mit größerem Kernloch werden mit der Bohrstange aufgebohrt; es fallen bei ihnen also die Arbeitsgänge 1 und 2 nur fort.

5. Herstellung derselben Bohrung auf andere Weise (Fig. 104).

1. Arbeitsgang: Zentrieren.
2. ,, Mit Bohrstahl ein Stück für den Senker (Drei- oder Vierschneider) vorbohren.
3. ,, Vorsenken.
4. ,, Nachsenken zum Reiben.
5. ,, Vorreiben.
6. ,, Nachreiben.

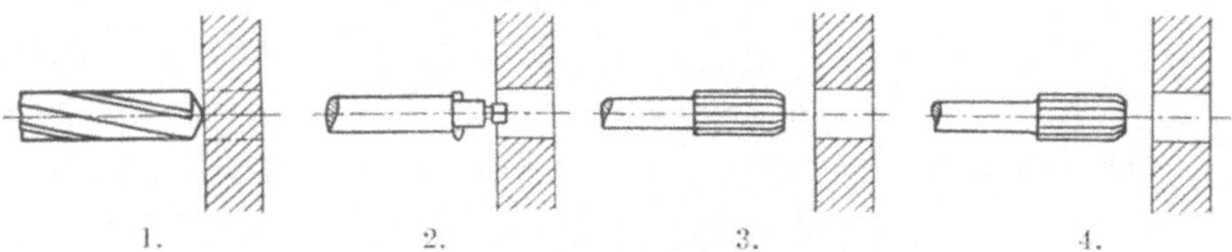

Fig. 105. Beispiel 6.

6. Herstellung einer Bohrung aus vollem Material auf Wagerechtbohrmaschinen (Fig. 105).

1. Arbeitsgang: Mit Spiralbohrer 2 mm kleiner vorbohren als die Fertigbohrung.
2. ,, Mit Bohrstangen nachbohren.
3. ,, Vorreiben.
4. ,, Nachreiben.

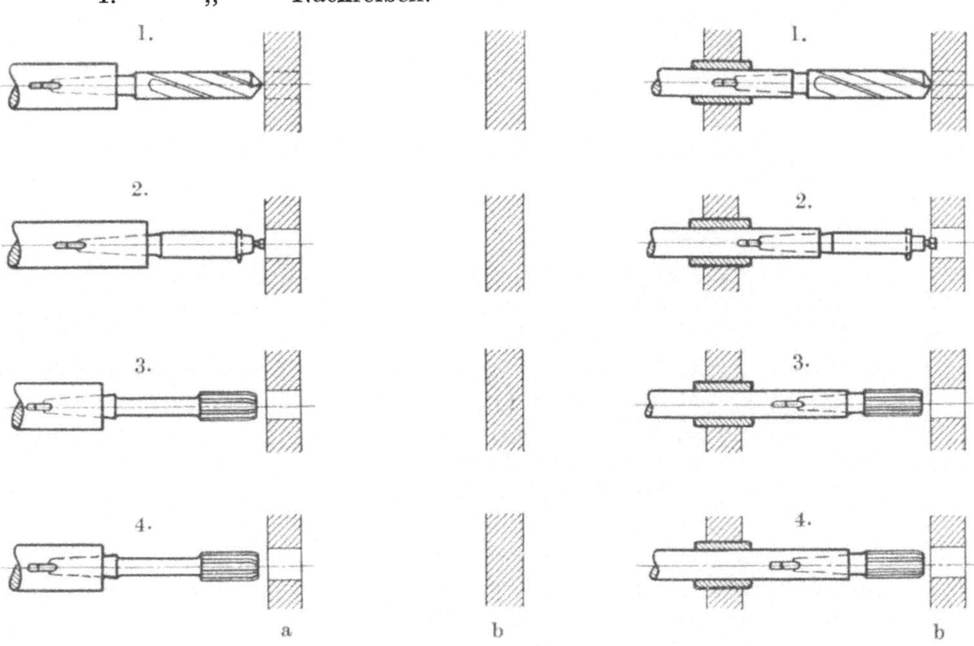

Fig. 106. Beispiel 7.

Bei Bohrungen, die parallel zu einer bereits bearbeiteten Fläche, Nut oder Bohrung des Werkstückes liegen sollen, wird zum Reiben mit einer Bohrstange nachgebohrt, da die Bohrstange sich nicht verläuft wie der Senker oder Spiralbohrer und dadurch der Reibahle eine gerade Führung gibt. Bei Teilen, wo eine zu bearbeitende Fläche erst nach dem Bohren hergestellt wird, kann wie bei Senkrechtbohrmaschinen gebohrt werden (Fig. 99 u. 100, Seite 33).

7. Herstellung zweier gegenüberliegenden Bohrungen auf Wagerechtbohrmaschinen (Fig. 106).

a) Bohren der ersten Lochwand a.

1. Arbeitsgang: Mit Spiralbohrer 2 mm kleiner vorbohren als Fertigbohrung.
2. ,, Mit Bohrstange nachbohren zum Reiben.
3. ,, Vorreiben.
4. ,, Nachreiben.

b) Bohren des gegenüberliegenden Loches in der Lochwand b.

1. Arbeitsgang: Mit Spiralbohrer 2 mm kleiner vorbohren als die Fertigbohrung.
2. ,, Mit Bohrstange nachbohren.
3. ,, Vorreiben.
4. ,, Nachreiben.

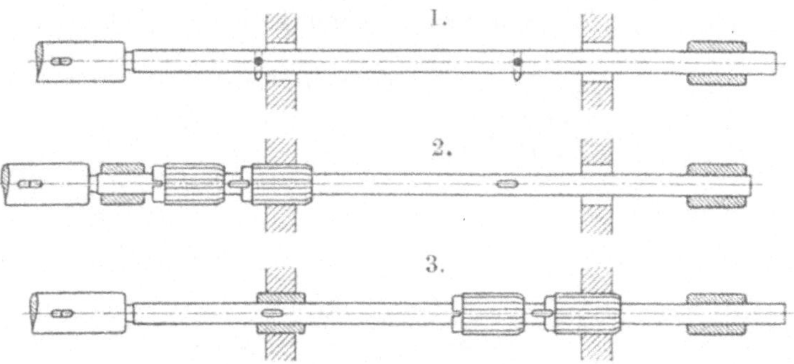

Fig. 107. Beispiel 8.

Bei a wird ohne Führungshülsen gebohrt und gerieben, bei b müssen die Werkzeuge in Führungshülsen geführt werden, damit beide Bohrungen genau fluchten.

8. Bohrung zweier vorgegossener gegenüberliegenden Bohrungen in größerer Entfernung auf Wagerechtbohrmaschinen (Fig. 107).

1. Arbeitsgang: Mit Führungsbohrstange vor- und nachbohren (jede Bohrung einzeln).
2. ,, Mit Führungsreibahle die erste Bohrung vor- und nachreiben.
3. ,, Die zweite Bohrung vor- und nachreiben.

Sind die Bohrungen gut vorgebohrt, genügt einmaliges Fertigreiben. Beim zweiten Loch führt sich der Reibahlenhalter im ersten Loch.

9. Bohren und Reiben einer zylindrischen und kegeligen Bohrung auf Wagerechtbohrmaschinen (Fig. 108).

1. Arbeitsgang: Beide Bohrungen vorbohren.
2. „ Die zylindrische Bohrung nachbohren zum Reiben.
3. „ Die zylindrische Bohrung vorreiben (unter Umständen gleich fertigreiben).
4. „ Die zylindrische Bohrung nachreiben.
5. „ Die kegelige Bohrung mit Schruppreibahle vorreiben.
6. „ Die kegelige Bohrung mit Nachreibahle fertigreiben.

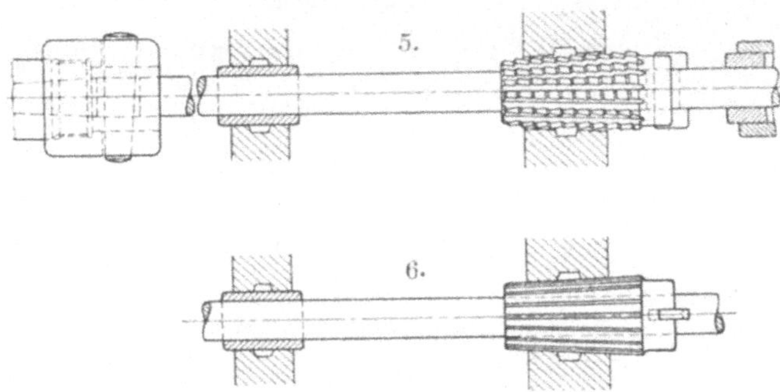

Fig. 108. Beispiel 9.

II. Senken und Flanschendrehen.

Der Senker ist in der Senkrecht- und Wagrechtbohrerei, sowie in der Dreherei und Revolverdreherei ein unentbehrliches Werkzeug und wird fast so oft gebraucht wie Spiralbohrer und Reibahle. Er dient zum Einsenken von Schraubenköpfen, Ansenken von Nabenflächen, Aufsenken vorgebohrter oder vorgegossener Löcher und Einsenken profilierter Vertiefungen.

Die Senker werden mit und ohne Führungszapfen hergestellt. Unter die Senker mit Führungszapfen im weiteren Sinn fallen auch die Messerstangen. Senker ohne Führungszapfen werden fast nur zum Aufsenken benutzt.

A. Zapfensenker.

Zapfensenker mit festen Führungszapfen. Die älteste Ausführung des Zapfensenkers, den Flachsenker, zeigt Fig. 109. Diese Senker werden geschmiedet, Außendurchmesser und Führungszapfen werden angedreht. Um einen besseren Schnittwinkel zu erhalten, wird oberhalb der Schnittkante eine Hohlkehle eingefeilt. Dadurch erreicht man, wie bei den Spitzbohrern (s. Heft „Bohren", Seite 11), daß der Schnittwinkel $\alpha < 90^0$ ist, während der Winkel α' ohne die Hohlkehle $> 90^0$ wäre. Damit die Schneide an der Rückenfläche frei schneidet, macht man $\beta =$ etwa 10^0 und damit der Senker an den Seitenflächen nicht drückt, macht man $\gamma = 5 \div 10^0$. Diese Senker haben den Nachteil, daß die Schneide nur schlecht ausgenutzt werden kann. Ist sie abgenutzt, muß der Senker ausgeglüht und nachgearbeitet werden.

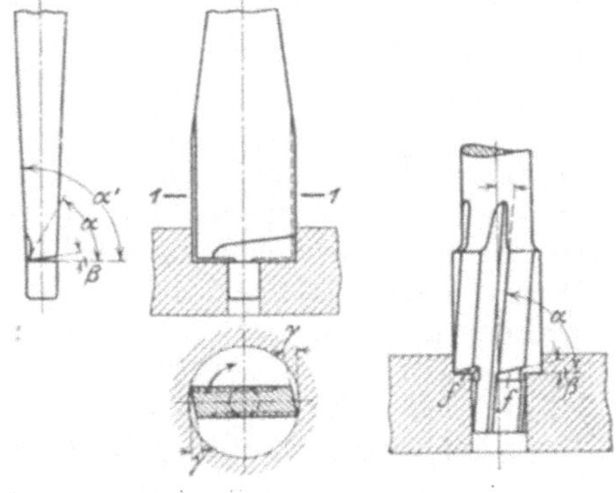

Fig. 109. Fig. 110.

Fig. 110 und 111 zeigen die konstruktivere Ausführung des modernen Vollsenkers, der sich zu dem Flachsenker (Fig. 109) ungefähr so verhält wie der Spiralbohrer zum Spitzbohrer. Wie der Spiralbohrer wird dieser Senker nur an der Zahnrückenfläche, der Hinterschleiffläche f, nachgeschliffen, so daß er ohne andere Nacharbeit sehr weit ausgenutzt werden kann. Die Schnittspirale

Fig. 111.

wird statt wie beim Spiralbohrer unter 30° unter etwa 13° gegen die Achse eingefräst, so daß sich ein Schnittwinkel α von etwa 77° ergibt. Der Hinterschleifwinkel β ist = etwa 8°.

Alle Zapfensenker dieser Ausführung haben den Nachteil, daß beim Scharfschleifen der Zapfen eingeschliffen wird, der dadurch seine Führung verliert (Fig. 112), so daß nach öfteren Schleifen der Senker für dünne Platten nicht mehr verwendet werden kann. Bis zu einer gewissen Größe ist jedoch keine andere Ausführung möglich.

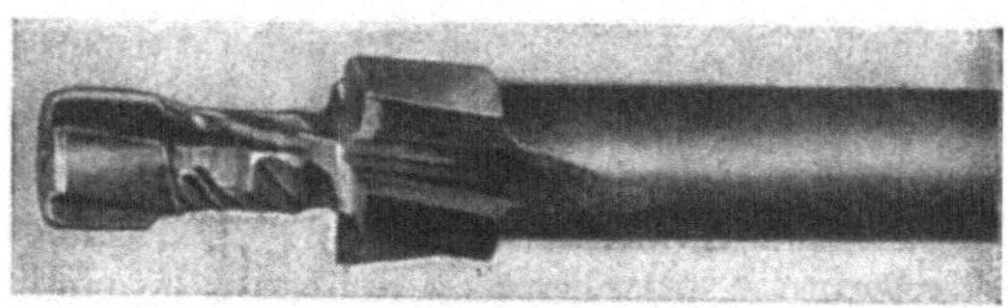

Fig. 112.

Zapfensenker mit auswechselbaren Führungszapfen. Diese Senker (Fig. 113) haben den Vorteil der größeren Verwendbarkeit und des leichteren Schleifens. Der Führungszapfen ist auswechselbar und kann verschiedene Durchmesser haben; beim Schleifen wird er entfernt, wodurch die Arbeit sehr erleichtert wird. Diese Ausführung ist von 18 mm Kopfdurchmesser an bequem herzustellen. Sie eignet sich zum Einsenken von Schraubenköpfen und Anschneiden von Naben (Fig. 114). In der Tabelle zu Fig. 113 sind die Abmessungen für Gewindeloch- und Vollmaßzapfen angegeben.

Zapfensenker mit auswechselbarem Messer und Führungsbüchse. Diese Senker (Fig. 115) dienen für größere Einsenkungen von 35 mm Durchmesser an, werden jedoch hauptsächlichst zum Nabenanschneiden (Fig. 116) benutzt. Messer und Führungsbüchse sind auswechselbar, wodurch der Senker für verschieden große Einsenkungen bei verschiedenen Bohrungen verwendbar wird. Seine Leistungsfähigkeit ist jedoch begrenzt, da das Messer schwach ist und leicht bricht. Zum Schleifen wird es in einer besonderen Vorrichtung eingesetzt. Die dünnwandige Führungsbüchse muß Laufsitz haben, da sie sich durch die bei der Reibung entstehende Wärme ausdehnt und sonst leicht festfressen und zerbrechen würde.

B. Aufstecksenker.

Aufstecksenker zum Nabenanschneiden mit auswechselbaren Führungszapfen. Dieser Senker (Fig. 117) besteht aus 3 Teilen (Fig. 118): dem eigentlichen Senker S, dem Halter H und dem Führungszapfen Z. Senker und Führungs-

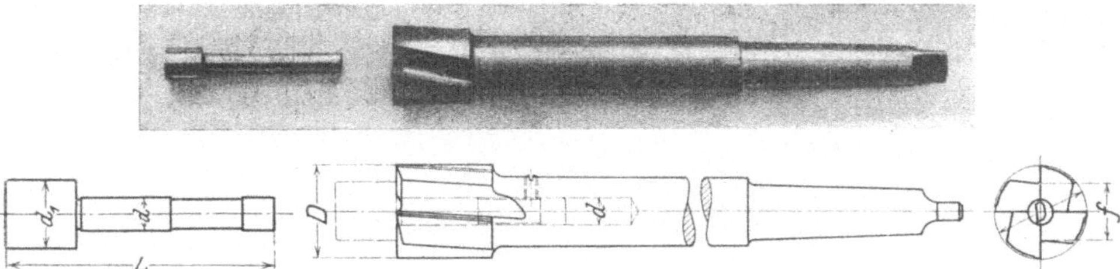

Fig. 113. Senker mit auswechselbarem Zapfen.

Schrauben ∅	12	14	16	18	20	22	24	27	30
D	18,2	20,7	23,2	25,75	28,25	30,75	33,3	37,3	41,35
f	9,5	11	13	14	16	17,5	19,5	22	24
d	6	7	8	9	10	11	12	13	14
d_1 Gew. Loch	9,95	11,6	13,6	14,95	16,95	18,95	20,35	23,35	25,7
d_1 Vollmaß	12	14	16	18	20	22	24	27	30
L	55	60	65	70	75	80	85	95	105

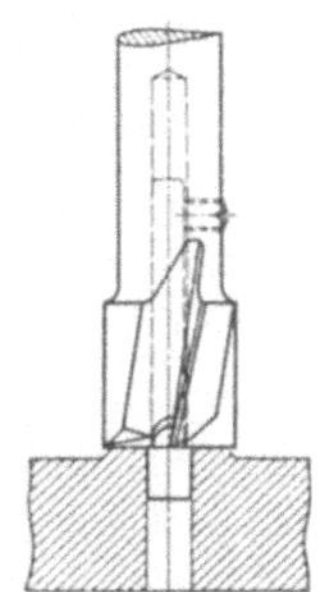

Fig. 114.

Fig. 115. Zapfensenker mit auswechselbaren Messern und Führungsbüchse.

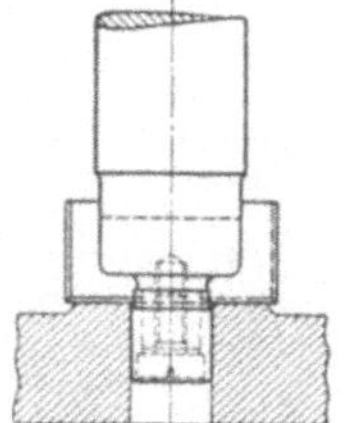

Fig. 116.

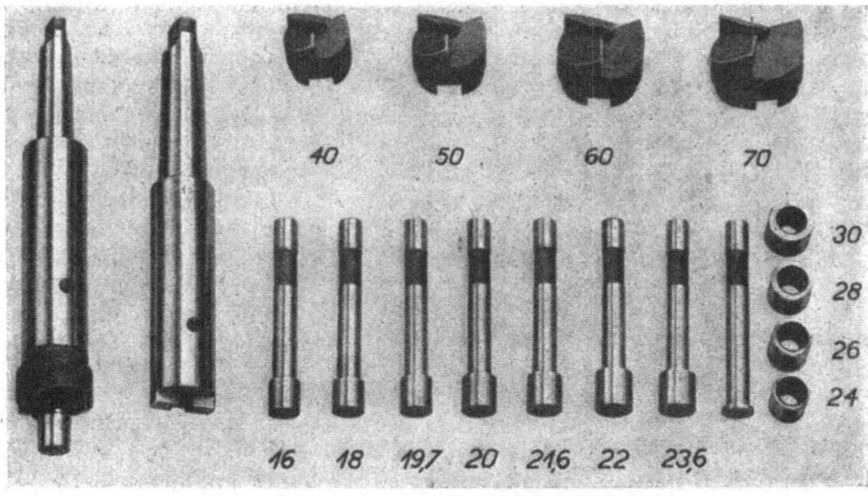

Fig. 117. Zusammengesetzter Zapfensenker.

zapfen sind auswechselbar, so daß sie für Halter in verschiedenen Größen verwendet werden können. Ebenso kann der Kegel des Halters verschieden groß

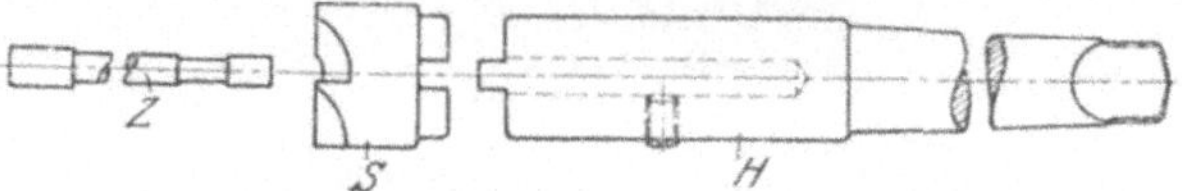

Fig. 118. Zusammengesetzter Zapfensenker.

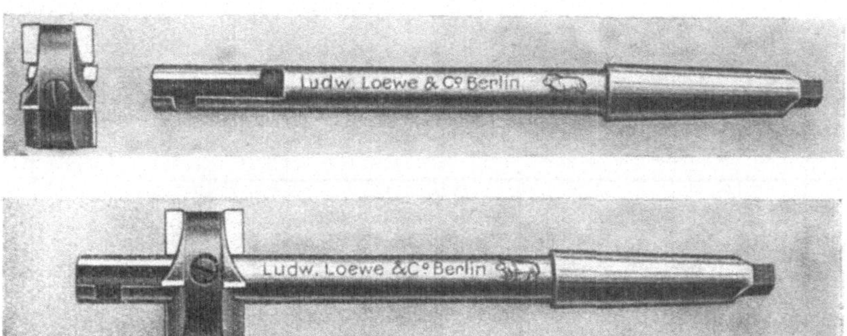

Fig. 119. Doppelseitiger Aufstecksenker zum Nabenanschneiden.

Fig. 120.

sein. Die Senker können bis zu einem Durchmesser von 100 mm hergestellt werden. Ihre Leistungsfähigkeit ist gegenüber den Senkern Fig. 115 und den Messerstangen sehr groß und wird bei Verwendung von Schnellschnittstahl noch bedeutend erhöht. Brüche sind fast ausgeschlossen, wodurch die Instandhaltung bedeutend erleichtert wird. Das Schleifen der Schneidkanten ist sehr einfach (s. Schleifen und Instandhalten). Die Senker werden hauptsächlichst zum Ansenken von Nabenflächen, Auflageflächen von Bolzen und Muttern usw. benutzt, sind aber auch, sofern sie seitlich gezahnt werden, für Einsenkungen verwendbar. Sie werden von der Ludw. Loewe & Co. Akt.-Ges., Berlin, hergestellt.

Doppelseitiger Aufstecksenker zum Nabenanschneiden. Der Senker (Fig. 119) (D R.G.M. der Ludw. Loewe & Co. Akt.-Ges.) besteht aus dem Senkerkopf und einem Halter, der zugleich Führungsstange ist. Der Halter hat eine Längsnut mit seitlichen Einfräsungen, die in Verbindung mit einer kräftigen Zapfenschraube im Senker einen Bajonettverschluß bilden, wodurch Mitnahme und leichtes Auswechseln des Senkers gesichert sind. Mit diesem Senker kann man von vorne und von rückwärts anschneiden, ohne das Arbeitsstück umzuspannen

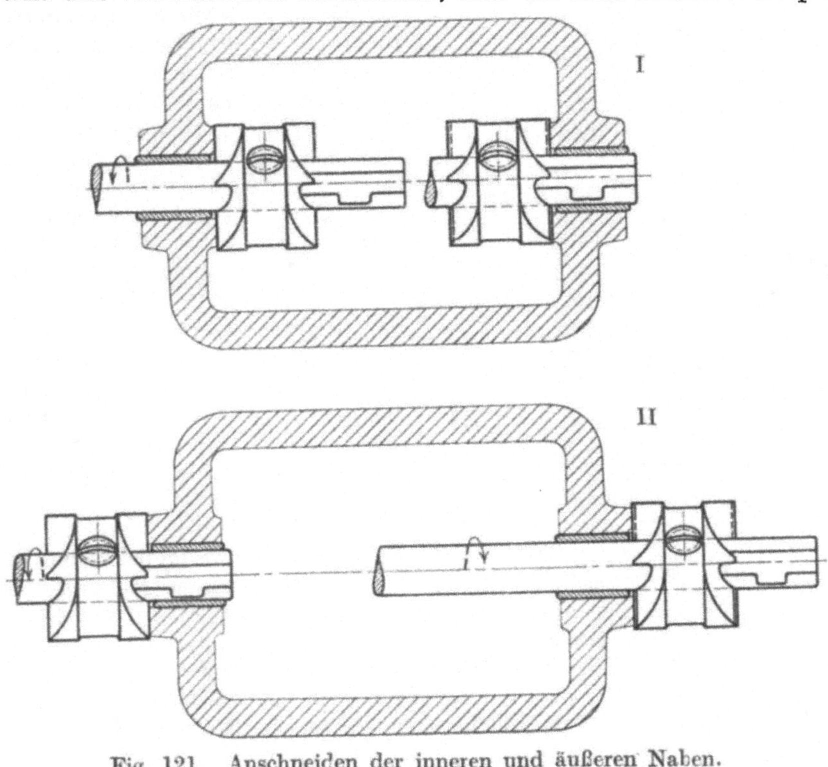

Fig. 121. Anschneiden der inneren und äußeren Naben.

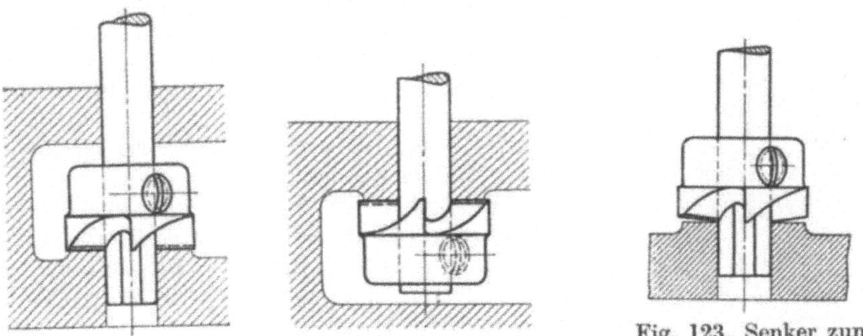

Fig. 122. Einseitiger Senker.

Fig. 123. Senker zum Vorschruppen.

(Fig. 120). Weiter kann man innere und äußere Naben anschneiden (Fig. 121 I÷II), ohne das Werkzeug auszuwechseln, wie es bei Messerstangen nötig ist. Auf einem Halter können Senker verschiedener Größe verwendet werden. Die Leistungsfähigkeit ist infolge der Starrheit, des leichten und schnellen Auswechselns und der Vielseitigkeit bedeutend höher als bei der Messerstange (s. Messerstangen).

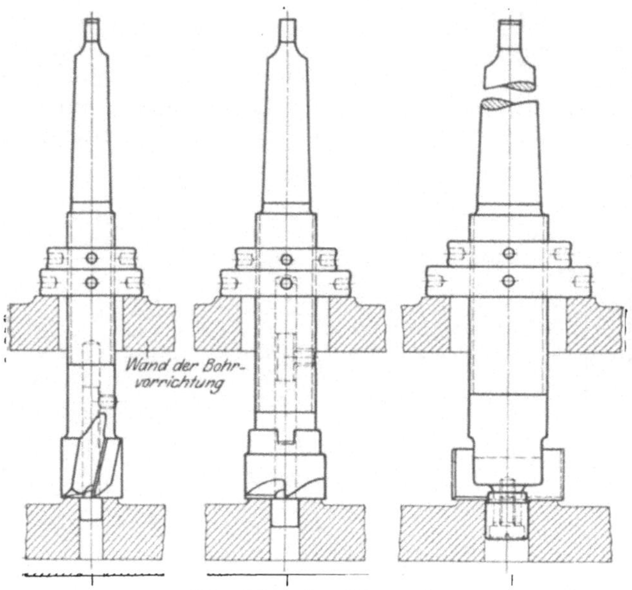

Fig. 124. Anschlagsenker.

Der Senkerkopf wird vorteilhaft aus Schnellstahl hergestellt. Für Senkungen in engen Zwischenräumen (Fig. 122) können auch einseitige Senker verwendet werden. Zum Vorschruppen, besonders bei hartem Material empfiehlt es sich, die Schneidkanten zu neigen (Fig. 123), da sie so leichter in das Material eindringen und die harte Kruste besser absprengen. Die Senker sind sehr einfach zu schleifen. (Siehe Schleifen und Instandhalten.) Sie werden hauptsächlichst nur zum Nabenanschneiden und für Einsenkungen von geringer Tiefe benutzt.

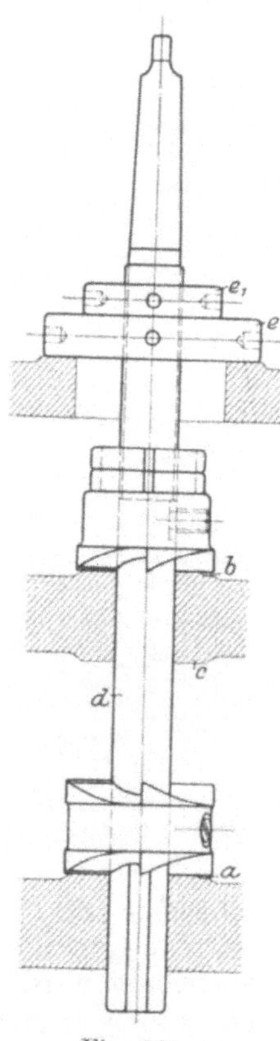

Fig. 125.

C. Anschlagsenker.

Anschlagsenker werden hauptsächlichst bei Bohrvorrichtungen benutzt, um gleichmäßige Tiefen ansenken zu können. An den Schaft des Senkers ist ein Gewinde geschnitten auf dem zwei Muttern eingestellt werden können. In der richtigen Entfernung werden die Muttern gegeneinander festgezogen, um ein Lösen beim Senken zu verhindern. Die oben beschriebenen Senker können in dieser Weise vervollständigt werden (Fig. 124).

In Fig. 125 ist eine Sonderausführung dargestellt, bei der 3 Naben a, b und c in einer Einspannung angesenkt werden. Die Naben a und b werden zugleich angesenkt, während die Nabe c hinterher für sich gesenkt wird, wobei der Halter d zurückgezogen wird.

Die Muttern e und e_1 dienen als Anschlag für das Ansenken der Naben a und b.

Zum Einstellen der Anschlagsenker dient eine Lehre nach Fig. 126. Der Ständer f mit Maßstab wird auf die Mutter e aufgesetzt und mittels Schieber g die zu senkende Entfernung von der Nabe der Vorrichtung oder des Arbeitsstückes gemessen.

D. Die Messerstange.

Die Messerstange, die auch die Grundlage für die Konstruktion der Senker abgegeben hat, dient ebenfalls zum Bohren, Nabenanschneiden und Einsenken und findet in der Bohrerei und in Revolverdreherei allgemeine Verwendung. In vielen Fällen ist sie ein Notbehelf, kann jedoch auch zu einem sehr zweckmäßigen Werkzeug ausgebildet werden. Für größere Senkungen von über 100÷250 mm Durchmesser wird sie hauptsächlichst benutzt, da hierfür Vollsenker zu teuer und auch nicht immer möglich sind.

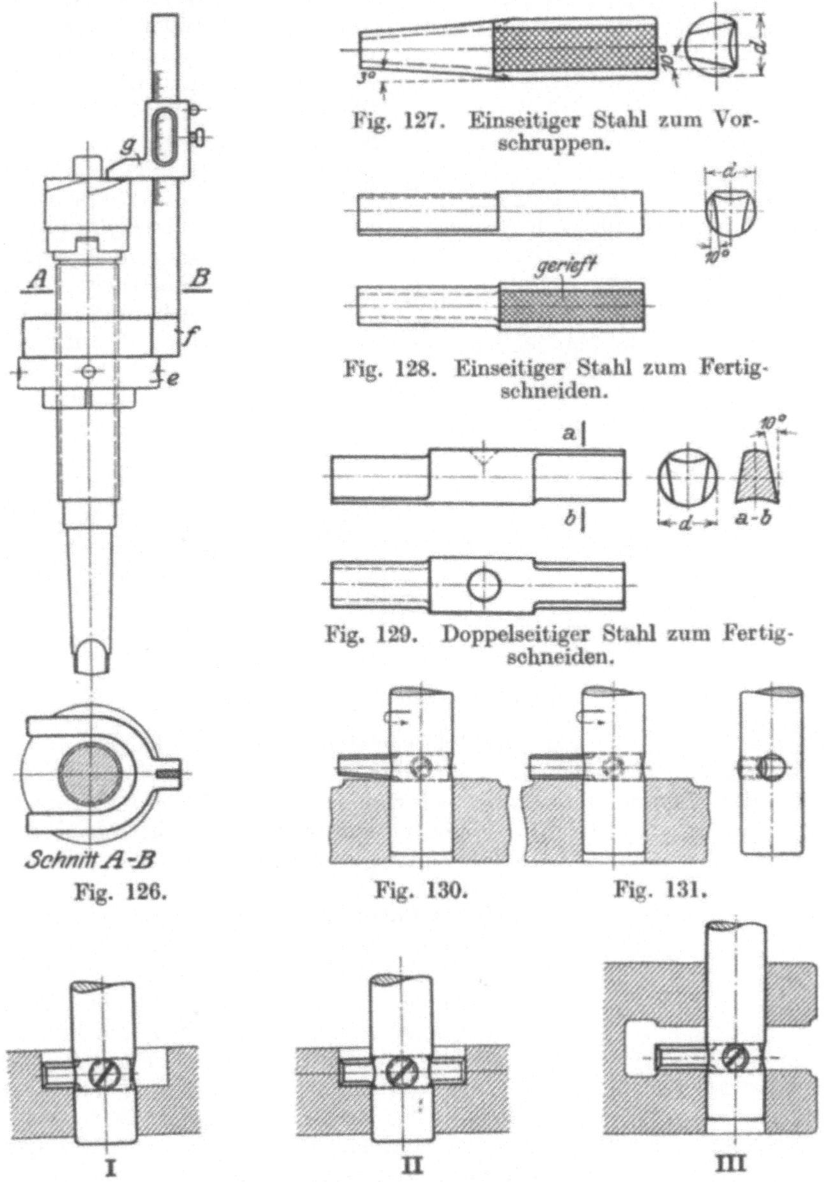

Fig. 126.

Fig. 127. Einseitiger Stahl zum Vorschruppen.

Fig. 128. Einseitiger Stahl zum Fertigschneiden.

Fig. 129. Doppelseitiger Stahl zum Fertigschneiden.

Fig. 130.

Fig. 131.

Fig. 132. Ansenken mit runden Messern.

Messerstange mit runden Messern. Hierzu werden gewöhnlich Führungsbohrstangen (s. „Bohren", Fig. 119) verwendet, in die Stähle nach Fig. 127÷129 eingesetzt werden. Zum Vorschruppen erhält der Stahl eine Abschrägung von etwa 3° (Fig. 127 u. 130), während zum Fertigsenken ein gerader Stahl verwendet wird (Fig. 128 u. 131). Sie eignen sich auch zum Einsenken und

Aufsenken. Der Stahl kann dabei einschneidig (Fig. 132 I) oder zweischneidig (Fig. 129 u. 132 II) sein. Besonders geeignet sind sie zum Nabenanschneiden in engen Zwischenräumen (Fig. 132 III). Wenn die zweiseitigen Messer auch mehr leisten, genügen meist doch die einseitigen. Sie haben den Vorteil, daß sie auf verschiedene Durchmesser eingestellt werden können. Die Leistung dieses Werkzeuges ist allerdings gering, genügt jedoch für viele Fälle.

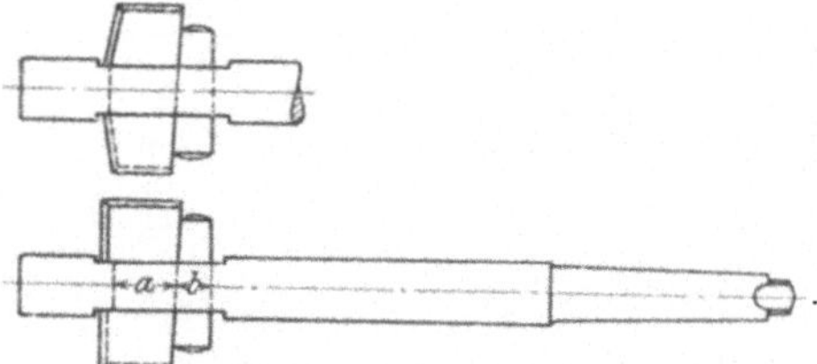

Fig. 133. Messerstange zum Vor- und Nachschneiden.

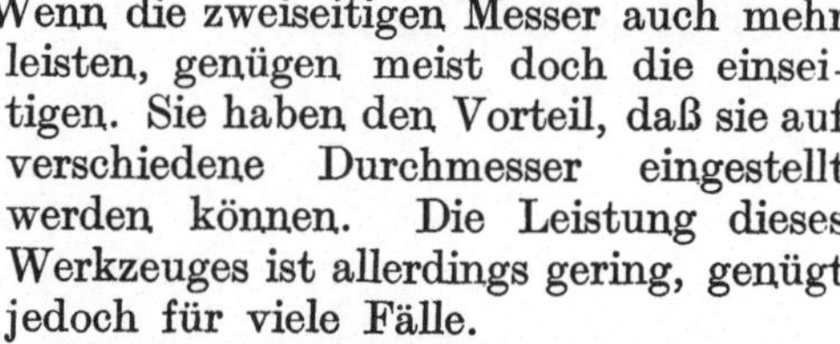

Fig. 134. Messerstange.

Die Stähle können aus Kohlenstoffstahl oder Schnellstahl sein. Bei Verwendung von Schnellstahl wird natürlich die Leistung bedeutend erhöht, hat allerdings auch den Nachteil, daß lange Stähle sehr leicht

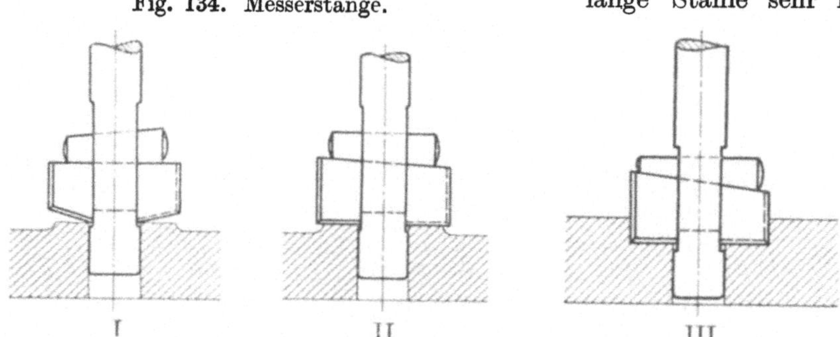

Fig. 135. Anwendung der Flachmesser.

brechen. Messer aus Rundstahl haben den Vorteil der leichteren Herstellung von Messer und Messerstange. Sie können jedoch auch vierkantig sein. Vierkantstähle sind widerstandsfähiger als runde, müssen aber gut eingepaßt werden, da sie sonst beim Arbeiten leicht aus ihrer Lage gedrückt werden und nicht winkelig zur Bohrungsachse stehen.

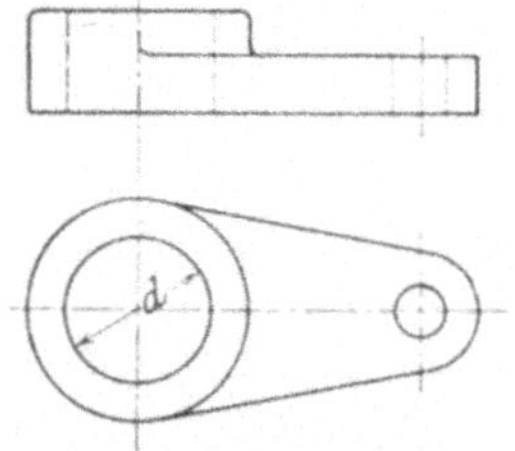

Fig. 136.

Messerstange mit Flachmessern. Die Abmessungen dieser Messerstangen sind gleich denen der Bohrstangen mit eingesetzten Messern (s. Bohren, Fig. 124), um das Anschneiden von Naben, Bohren oder Einsenken mit einer Stange ausführen zu können. Da die Stange selbst als Führungszapfen dient, empfiehlt es sich, sie so weit wie angängig zu härten, um ein Festfressen zu vermeiden. Das Messer wird in einer Nut gegen Verschiebung gesichert und durch Keil festgehalten. Die Schlitze in den Stangen müssen für einen Durchmesserbereich gleich lang sein, ebenfalls die Abmessungen a des Messers und b des Keiles (Fig. 133). Weiter müssen die Keilschrägen genau passen, um ein Lösen beim Arbeiten zu verhindern. Sind die Entfernungen a und b und die Schlitzlängen ungleich, so müssen Keil und Messer jedesmal erst zusammengepaßt werden, was sehr zeitraubend und kostspielig ist. Es empfiehlt sich deshalb für Senkungen bis zu 100 mm ∅ doppelseitige Aufstecksenker (Fig. 119, Seite 40) zu verwenden. Die Messerstangen können nach Bedarf Schlitze in verschiedenen Entfernungen haben (Fig. 134).

Auch bei der Messerstange empfiehlt es sich, vor- und nachzuschneiden, wobei zum Vorschneiden das Messer beiderseitig abgeschrägt ist (Fig. 135 I), zum Nachschneiden gerade (Fig. 135 II). Zum Einsenken oder Aufsenken auf genauen Durchmesser muß das Messer mit der Stange zusammen rundgeschliffen werden, damit es nicht einseitig schneidet (Fig. 135 III). Man verwendet die Messerstange auch zum Aufsenken großer Bohrungen bis zu 250 mm Durchmesser und mehr, z. B. bei Kurbelwangen (Fig. 136), indem erst ein Loch von etwa 75 mm mit dem Spiralbohrer gebohrt und das dann mit starkem zweischneidigen Senkermesser aufgebohrt wird. Beim Anschneiden zweier gegenüberliegender Naben

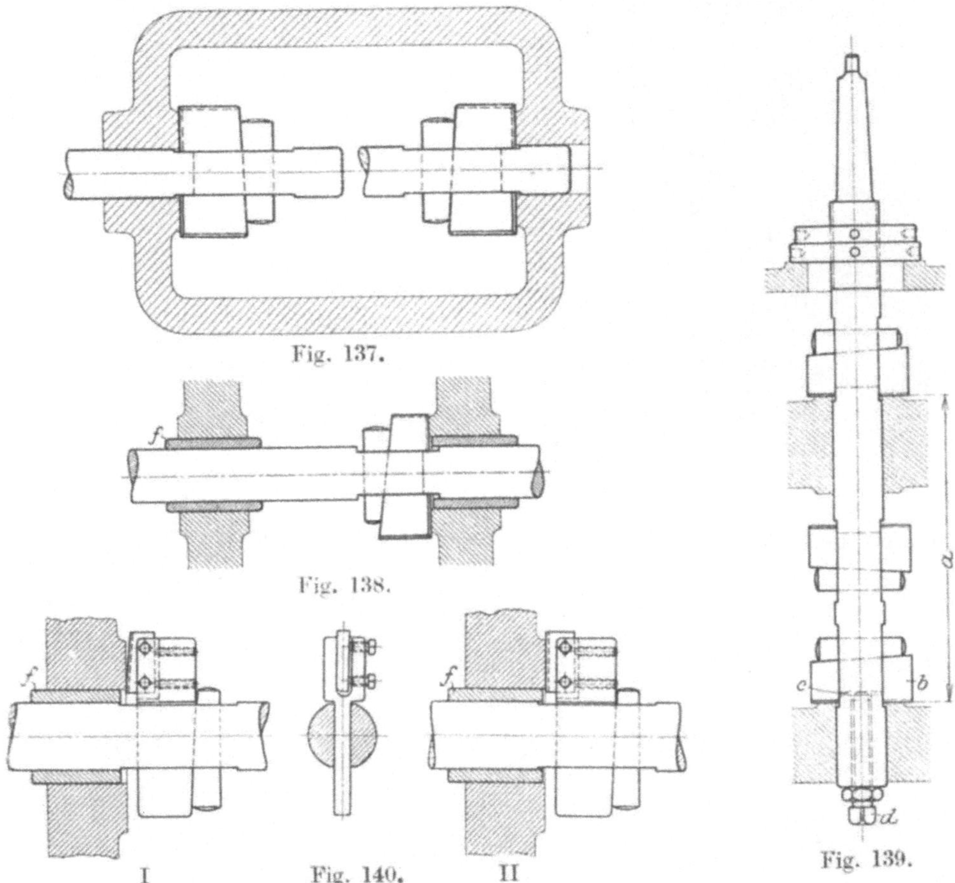

Fig. 137.

Fig. 138.

Fig. 139.

Fig. 140.

(Fig. 137) wird erst die eine Nabe angeschnitten, dann das Messer umgedreht und die zweite Nabe angeschnitten, ohne die Stange herauszunehmen. Für Massenfertigung und besondere Zwecke können die Messer auch noch anders befestigt werden. Es empfiehlt sich, die Messerstangen in Führungsbüchsen f (Fig. 138 u. 140) laufen zu lassen, um die fertigen Bohrungen nicht zu beschädigen.

Fig. 139 zeigt ein Sonderwerkzeug des Gegenstücks zu Fig. 125, Seite 42. Die Arbeitsweise ist dieselbe wie für Fig. 125. Um die Entfernung a leichter einstellen zu können, liegt das Messer b mit seiner Aussparung c auf einer Stellschraube d auf, die eine genaue Einstellung möglich macht.

Für große Naben über 100 mm ∅ sind Halter mit eingesetzten Messern (Fig. 140 I ÷ II) vorteilhaft, da die Einsteckmesser sehr einfach und billig sind.

Auch können sie dann aus Schnellstahl hergestellt werden, da sie kurz gespannt sind und nicht brechen. Fig. 140 I zeigt ein Schruppmesser, Fig. 140 II ein Schlichtmesser. Für Messer aus einem Stück wird dagegen besser nur Kohlenstoffstahl verwendet. Da bis zu einem gewissen Bohrdurchmesser die Stangen und Messer ziemlich schwach sein müssen, so sind in diesen Grenzen ihre Leistungen auch nur gering.

Fig. 141. Einarmiger Flanschendrehsupport.

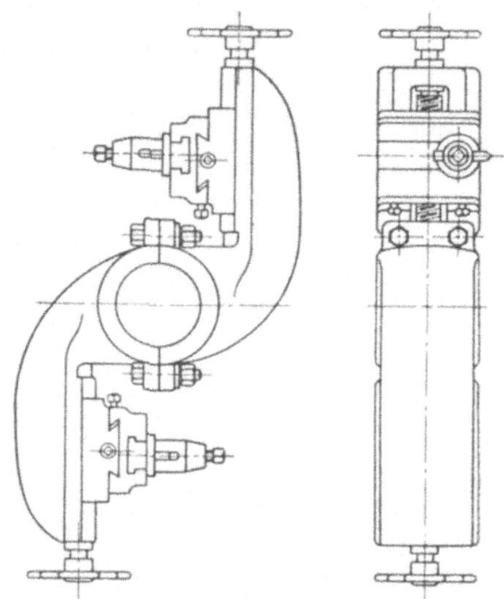

Fig. 143. Doppelarmiger Flanschendrehsupport.

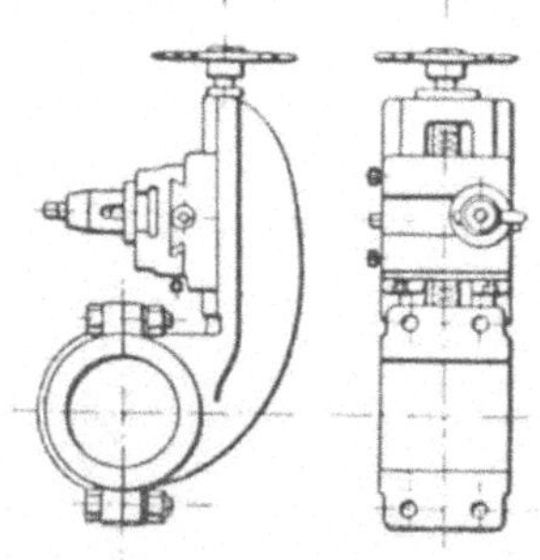

Fig. 142. Einarmiger Flanschendrehsupport.

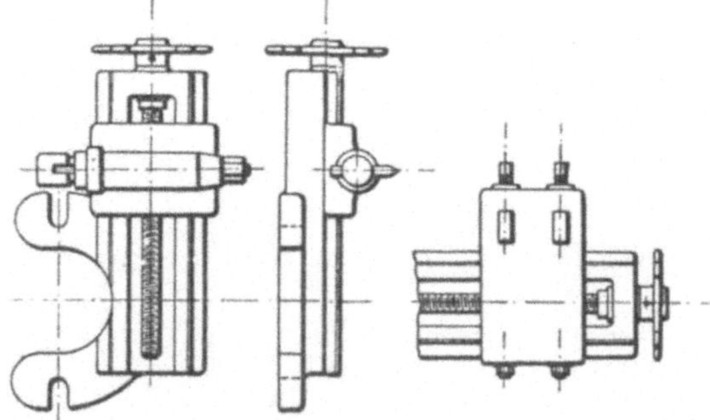

Fig. 144. Einarmiger Flanschendrehsupport.

E. Werkzeuge zum Naben- und Flanschendrehen.

Zum Abflächen großer Naben benutzt man den Flanschendrehsupport. Dieser Apparat wird hauptsächlich an gut zugänglichen Stellen, Außennaben oder Flanschen an Zylindern, die wegen ihrer Größe nicht mehr mit der Messerstange bearbeitet werden können, verwendet. Sie werden ein- und doppelarmig ausgeführt. Die Apparate Fig. 141, 142, 143 werden auf Bohrstangen aufgesetzt, während die nach Fig. 144, 145, 146 unmittelbar an den Flansch der Bohrspindel angeschraubt werden.

Durch einen Schaltstern, dessen Strahlen bei jeder Umdrehung an einen festen Anschlag stoßen, wird der Drehstahl selbsttätig zugestellt. Fig. 147 zeigt Anwendungsbeispiele des einarmigen Flanschendrehsupportes Fig. 141.

Fig. 148 zeigt einen doppelarmigen, Fig. 149 einen einarmigen an den Flansch der Bohrspindel angeschraubten Flanschendrehsupport in Arbeitsstellung, a (Fig. 148) ist der Schaltstern, b der feste Anschlag.

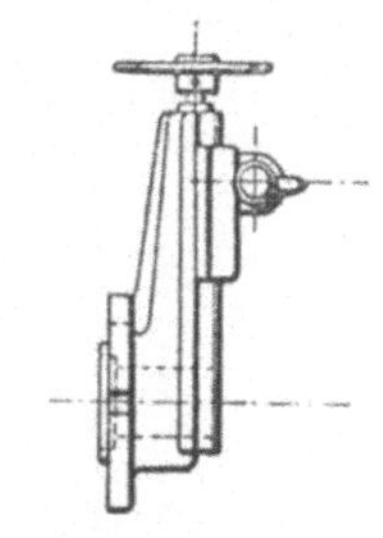

Fig. 146. Einarmiger Flanschendrehsupport.

F. Senker zum Nabenabrunden.

Die glatt geschnittenen Naben werden gewöhnlich an der äußeren Kante noch abgerundet. Fig. 150 zeigt ein einfaches Werkzeug, bestehend aus einem Halter mit Führungszapfen, in dem ein abgebogener Rundstahl verstellbar ist, der mittels einer Druckschraube festgehalten wird. Für Bohrungen von 5÷16 mm werden die Halter mit Führungszapfen aus einem Stück gedreht.

Fig. 145. Doppelarmiger Flanschendrehsupport.

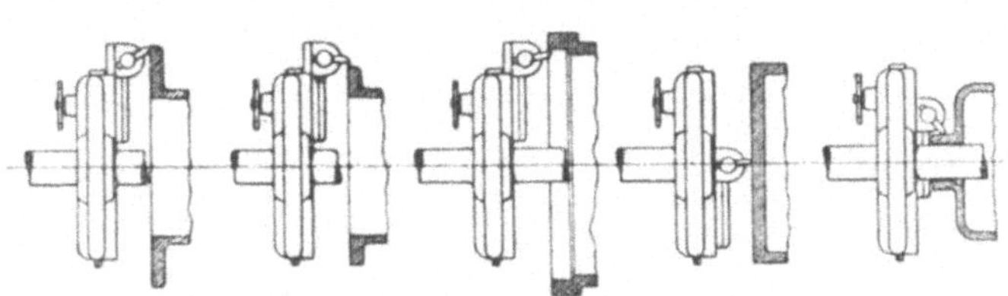

Fig. 147. Arbeitsbeispiele des einarmigen Flanschendrehsupportes Fig. 141.

Über 16 mm Bohrung können Büchsen verschiedener Durchmesser auf einen Halter aufgesetzt werden (Fig. 151). Die Stähle (Fig. 152) müssen im Durchmesser gleich den Bohrstählen (s. „Bohren", Fig. 121) sein, damit sie auch in Bohrstangen verwendet werden können. Für Zapfensenker und für Messerstangen werden flache Hakenmesser benutzt (Fig. 153 u. 154), für größere Durchmesser besondere Halter mit Einsteckstählen (Fig. 155).

Auch Werkzeuge nach Fig. 156 werden verwendet. Das Werkzeug besteht aus einem Halter mit auswechselbaren Führungszapfen und verstellbarem Stahl; es ist nur an leicht zugänglichen Stellen verwendbar.

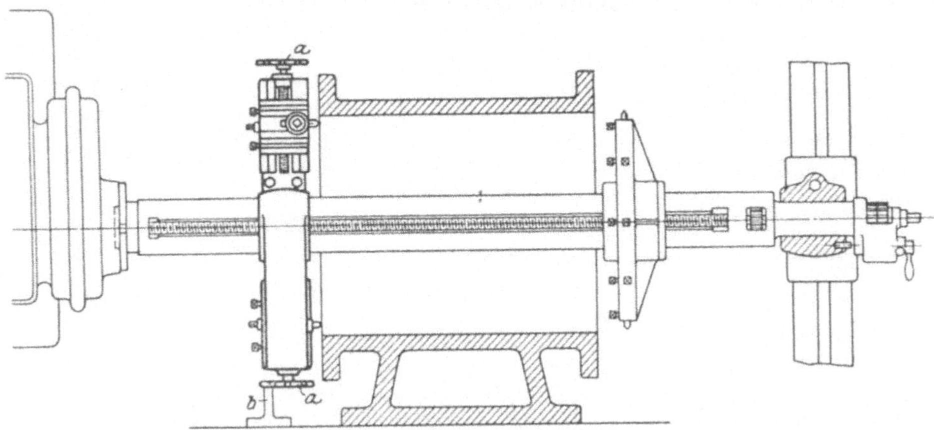

Fig. 148. Doppelarmiger Flanschendrehsupport in Arbeitsstellung.

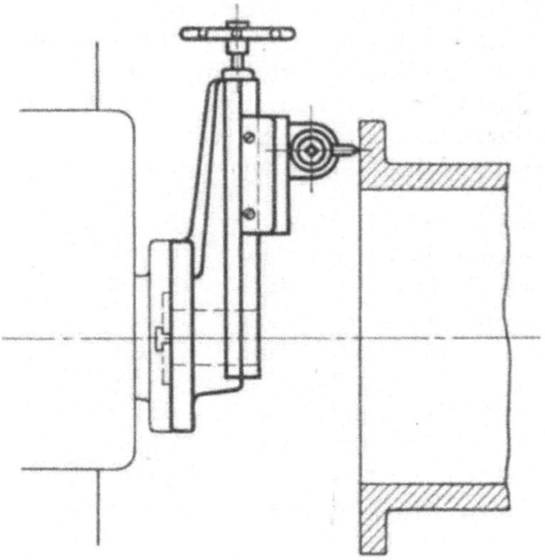

Fig. 149. Einarmiger an die Bohrspindel angeschraubter Flanschendrehsupport in Arbeitsstellung.

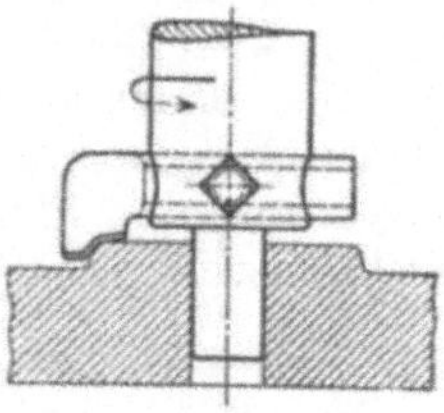

Fig. 150.

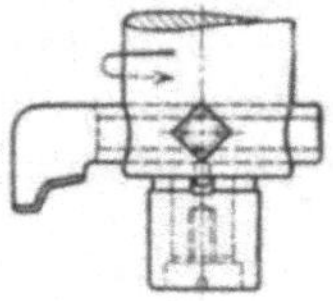

Fig. 151.

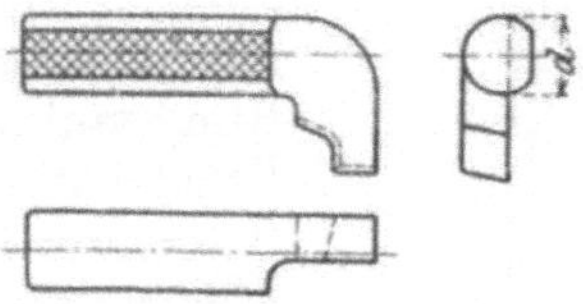

Fig. 152.

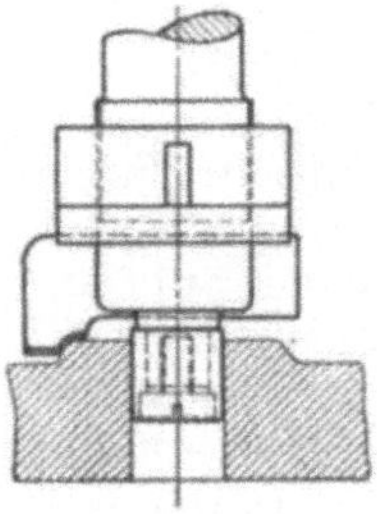

Fig. 153.

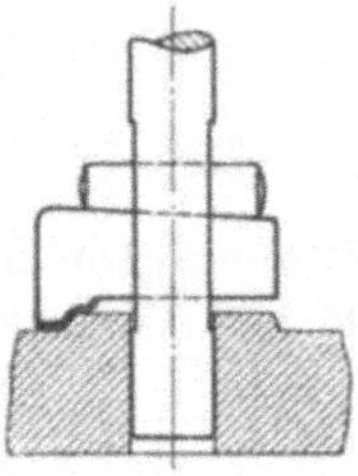

Fig. 154.

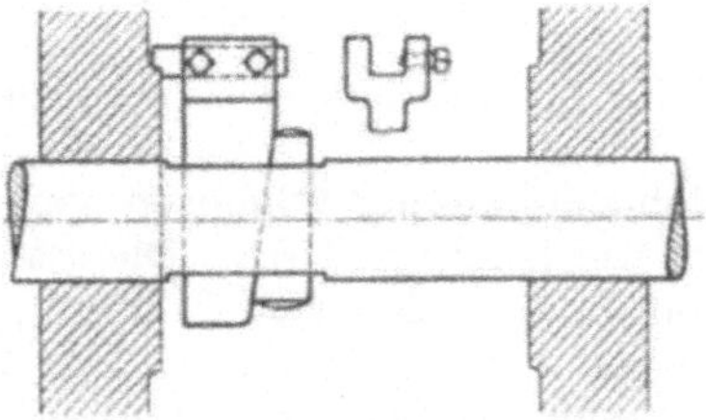

Fig. 155.

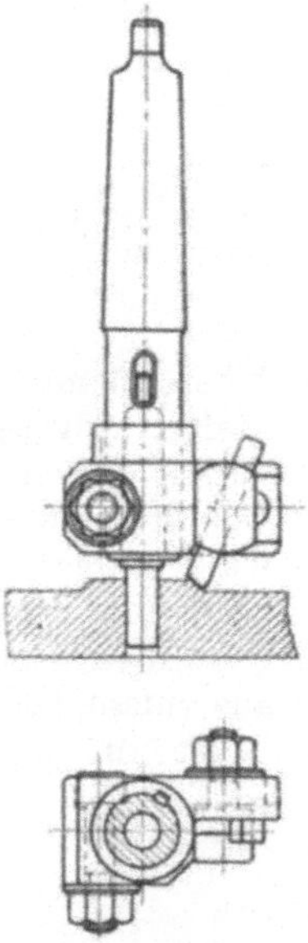

Fig. 156.

Fig. 158. Dreischneidiger Spiralsenker.

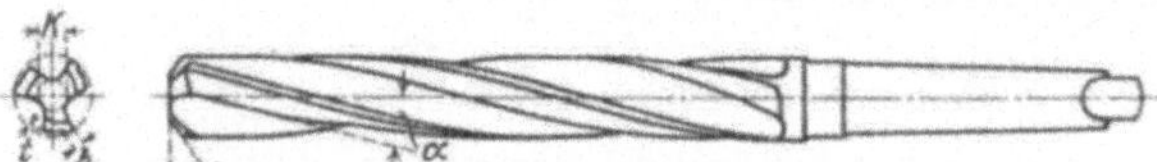

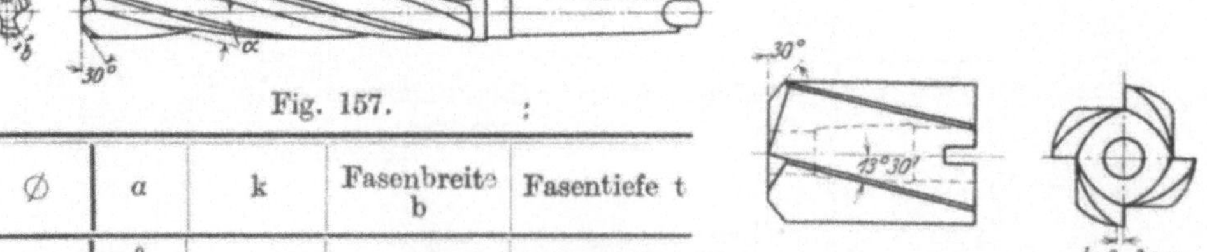

Fig. 157.

Fig. 159. Vierschneidiger Spiralsenker.

∅	α	k	Fasenbreite b	Fasentiefe t
	°			
12—16	22	6—8	1,2—1,5	0,35
17—26	24	8—11	1,6—1,9	0,35—0,45
27—36	26	11—13,5	2—2,3	0,45—0,5
38—45	27	14—16	2,4—2,6	0,5—0,6
46—52	28	16,5—18	2,7—2,8	0,7—0,8

G. Spiral-Senker zum Aufbohren.

Zum Aufbohren vorgegossener oder zum Nachbohren vorgebohrter Löcher werden Spiralsenker verwendet, nach Fig. 157 u. 158 mit drei Schneiden, nach Fig. 159 mit vier Schneiden. Die Dreischneider haben Kegelschaft, werden aber wegen des großen Materialverbrauches gewöhnlich nur bis 50 mm ∅ hergestellt; die Vierschneider haben kegelige oder zylindrische Bohrung und werden auf einen Halter aufgesteckt. Sie werden bis 100 mm Durchmesser ausgeführt. (Darüber benutzt man starke Senkermesser, s. Seite 51.)

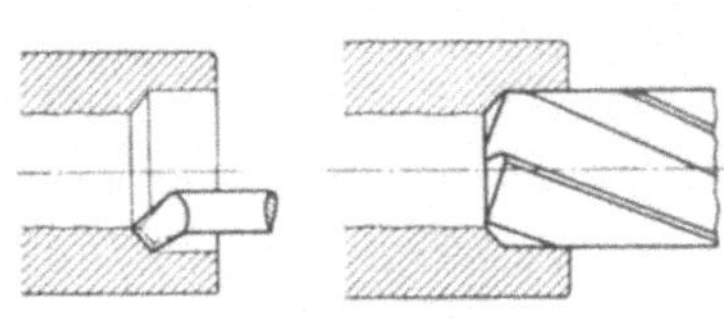

Fig. 160.

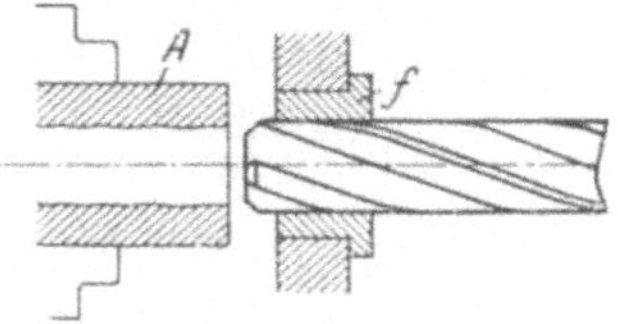

Fig. 161.

Diese Senker, besonders die Dreischneider, gleichen in ihrer Konstruktion völlig den Spiralbohrern, nur daß ihre Schneiden nicht bis zur Mitte gehen; sie bohren ja vorhandene Löcher nur auf. Infolgedessen können die Schnittnuten weniger tief und deshalb zahlreicher sein (3 oder 4 statt 2). Trotzdem ist dabei der Senker noch starrer als der Spiralbohrer. Die Vierschneider haben gar im Verhältnis zum Durchmesser so flache Nuten, daß man sie hohl ausführt.

Beim Bohren vorgegossener Löcher ist es zweckmäßig, dem Senker eine Führung zu geben, indem mit einem Bohrstahl auf etwa 20 mm Tiefe eine Bohrung vom ∅ des Senkers geschaffen wird (Fig. 160). Der Senker kann sich dann nicht so leicht nach dem vorgegossenen Loch verlaufen. Statt vorzubohren kann man den Senker auch durch eine Führungsbüchse führen wie es z. B. beim Bohren mit Vorrichtungen geschieht; in der Revolverdreherei sitzt die Führungsbüchse in einer vor dem Arbeitsstück angebrachten Lünette (Fig. 161).

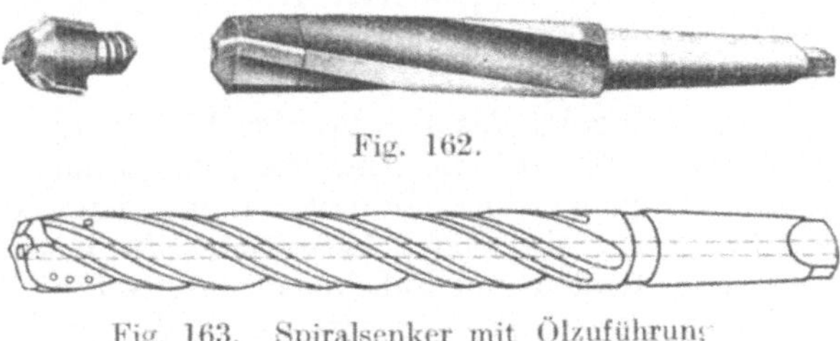

Fig. 162.

Fig. 163. Spiralsenker mit Ölzuführung.

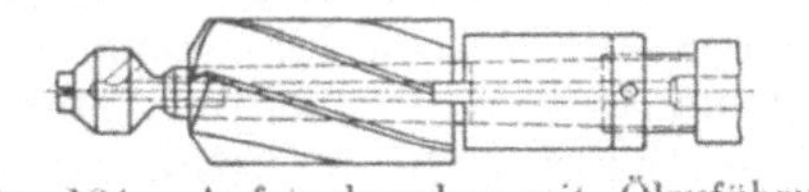

Fig. 164. Aufstecksenker mit Ölzuführung.

Die Senker besitzen Voll- und Untermaß, letzteres wenn nachgerieben wird (s. auch Arbeitsbeispiele in Reiben, Seite 33). Die Spiralsenker (Fig. 157 u. 158) haben einen Drall von etwa 20÷30°, die Aufstecksenker Fig. 159 einen von 12÷15°; sie haben eine Führungsfase und sind nach hinten etwas verjüngt. Die Schneidlippen müssen gleichmäßig sein. Die Senker mit 3 Schneidlippen können auf Spiralbohrerschleifmaschinen geschliffen werden, die mit 4 Schneidlippen auf einer besonderen Schleifvorrichtungshülse (s. Seite 60).

Die Senker werden aus Kohlenstoff- und Schnellstahl hergestellt. Um hohe Leistungen zu erzielen empfiehlt sich Schnellstahl.

Fig. 162 zeigt einen Senker mit eingesetztem Schneidkopf. Dieses Stück kann aus Schnellstahl, der Schaft aus Kohlenstoffstahl sein. Diese Ausführung empfiehlt sich besonders bei langen Senkern. Ist der Schneidkopf abgenutzt, so kann er durch einen neuen ersetzt werden.

Für sehr tiefe Löcher in Stahl können auch Senker mit Ölzuführung verwendet werden (Fig. 163). Bei Aufstecksenkern wird der Halter durchbohrt und vorne mit einer Düse versehen, durch die das Öl der Schneide zufließt (Fig. 164).

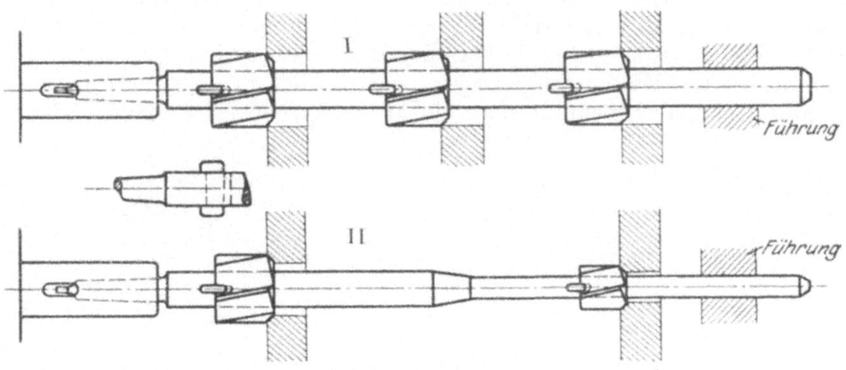

Fig. 165.

Die Fig. 165 I ÷ II zeigen Anwendungsbeispiele, bei denen mehrere Senker zugleich oder hintereinander schneiden. Die Halter müssen hierbei geführt werden.

H. Spiralsenkermesser.

Dieses Werkzeug (D.R.P. der Firma Sasse, Spandau) wird zum Aufbohren oder Aufsenken vorgebohrter Arbeitsstücke, z. B. Radnaben, Rauchkammerrohrwände an Kesseln usw. verwendet. Es wird in Größen von 38 ÷ 250 mm hergestellt.

Fig. 166 zeigt das vollständige Werkzeug mit Halter und Führungsbüchse, während in Fig. 167 die Einzelteile dargestellt sind. In den Halter a wird ein Führungszapfen c eingeschraubt, auf den Senker d und Führungsbüchse e gesteckt werden. Durch die beiden Mitnehmerstifte b wird der Senker gegen Verdrehung geschützt. Senker und Führungsbüchse werden durch eine Schraube zusammengehalten. Für Sacklöcher tritt an Stelle der Führungsbüchse eine Scheibe.

Beim Senken mit Führungsbüchse ist streng darauf zu achten, daß diese in dem vorgebohrten Loch 0,3 ÷ 0,4 mm Spiel haben, um ein Drängen zu vermeiden. Beim Aufbohren von Eisen, Stahl usw. ist reichlich zu schmieren (gutes Bohröl resp. Bohrwasser), während man beim Bohren in Kupfer als Schmiermittel Fluß- oder Regenwasser ohne jeglichen Zusatz verwendet.

In Fig. 168 ist der Senker mit Vorbohrer veranschaulicht, der an einer Spindel befestigt ist, die mittelst Keil f in g gehalten wird. Mutter c und Ring b dienen zum Anstellen des Keiles, wodurch der Vorbohrer d wirksam befestigt wird. Fig. 168 zeigt das Bohren und Aufsenken durch 4 Blechplatten. Das obere Stück des Vorbohrers d dient gleichzeitig als Führung. An Stelle der Blechplatten können auch volle Stücke treten.

Fig. 169 zeigt das Bohren und Aufsenken eines Stützrohr-Endstückes.

Der gepreßte Rohling wird wie folgt bearbeitet:

1. Arbeitsgang mit 32 mm Spiralbohrer vorbohren.
2. Arbeitsgang mit Spiralbohrermesser auf 75 mm aufbohren.
3. Arbeitsgang mit Spiralbohrmesser 60 mm aufbohren.
4. Arbeitsgang mit Spiralbohrmesser 105 mm aufbohren.

Das Messer ist auch für geformte Senkungen geeignet, wie die Fig. 170 ÷ 172 zeigen. Hierbei ist zweckmäßig die Bohrung für die Führungsbüchse kaliberhaltig herzustellen und der Führungsbüchse die entsprechende Passung zu geben.

Die Leistung dieser Messer ist sehr hoch. Die gewöhnliche Art des Kühlens genügt dazu jedoch nicht, es muß eine Kühlung unter Druck angewendet werden.

Bei sehr tiefen Bohrungen werden besondere Halter mit Kühleinrichtung (Fig. 173 ÷ 175) verwendet. Der Kühlwasserstrahl wird hierbei im Schaft entlang geleitet, so daß das Werkzeug direkt gekühlt wird und die Späne nach außen befördert werden. In Fig. 173 ist eine Einrichtung für Senkrecht-Bohrmaschinen getroffen. Der Halter mit dem Messer dreht sich, die Schmierbüchse

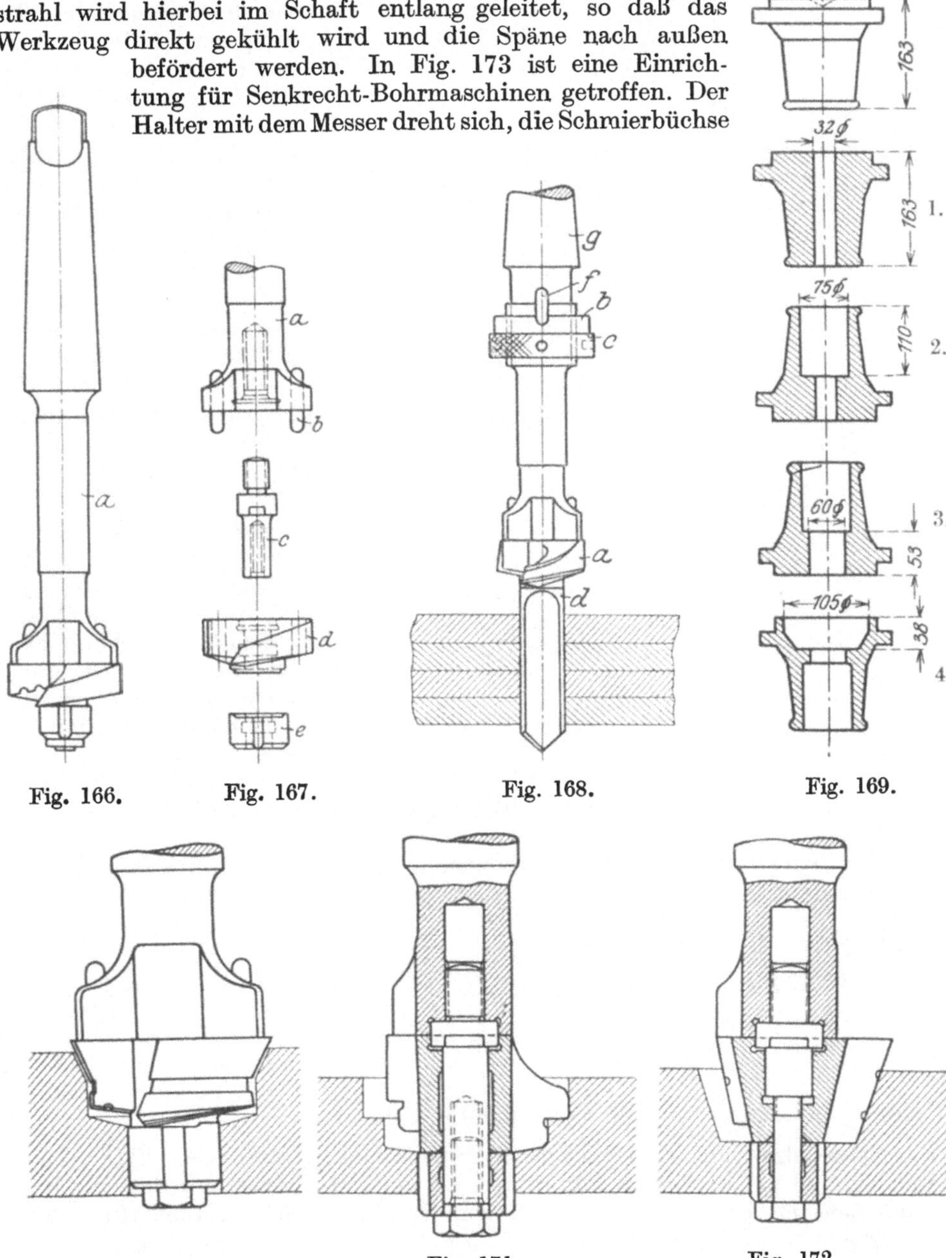

Fig. 166. Fig. 167. Fig. 168. Fig. 169.

Fig. 170. Fig. 171. Fig. 172.

steht jedoch still. Zu diesem Zwecke ist eine abgedichtete Büchse kurz hinter dem Konusschaft beweglich angebracht. Das Kühlwasser tritt durch den Schlauch in einen eingedrehten Kanal des Halters und verteilt sich in zwei seitlichen Kanälen, die in der Abbildung gestrichelt erkenntlich sind. Die Kanäle münden kurz über den Senker und bewirken so eine gute Kühlung der Schnittkanten. Um der verdrehenden Wirkung der Kühlbüchse entgegen zu wirken, ist ein Anschlag seitlich in der Büchse befestigt, der sich an den Ständer der Bohrmaschine anlegt. Ober- und unterhalb der Wassereinführung sind Dichtungen eingesetzt, so daß das Druckwasser ohne Verluste dem Werkzeug zugeführt werden kann.

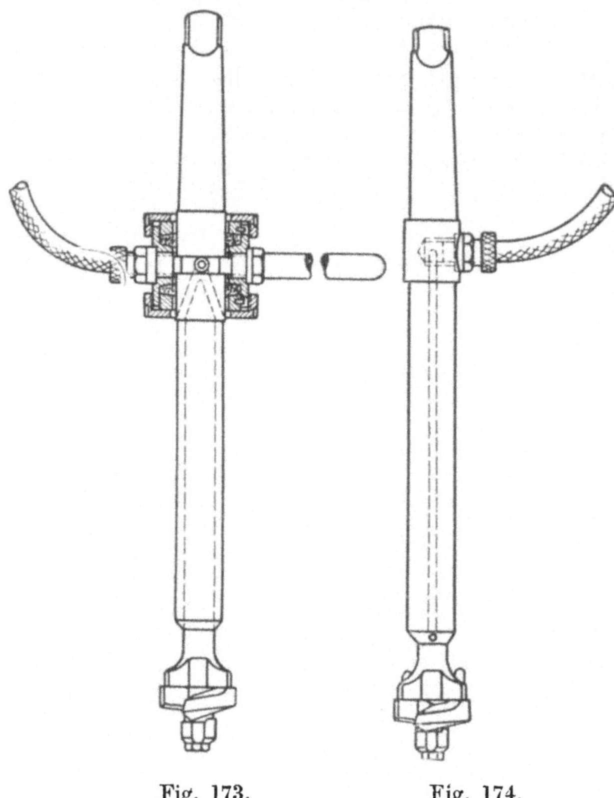

Fig. 173. Fig. 174.

Eine weitere Möglichkeit, das Wasser bei stehendem Werkzeug zuzuführen, ist in Fig. 174 ersichtlich. Hier dreht sich das Arbeitsstück wie auf Senkrecht-Bohrwerken üblich.

Die Einführung des Kühlwassers geschieht hier auf einfachere Weise, nämlich direkt in die Bohrstange. Beide Kanäle nehmen den gleichen Weg wie in Fig. 173.

In Fig. 175 ist ein feststehendes Werkzeug für Wagerecht-Bohrmaschinen dargestellt. Die Einführung der Kühlflüssigkeit geschieht hier am hinteren Ende des Halters.

Der Senker wird auf einer besonderen für den Zweck hergestellten Vorrichtung geschliffen.

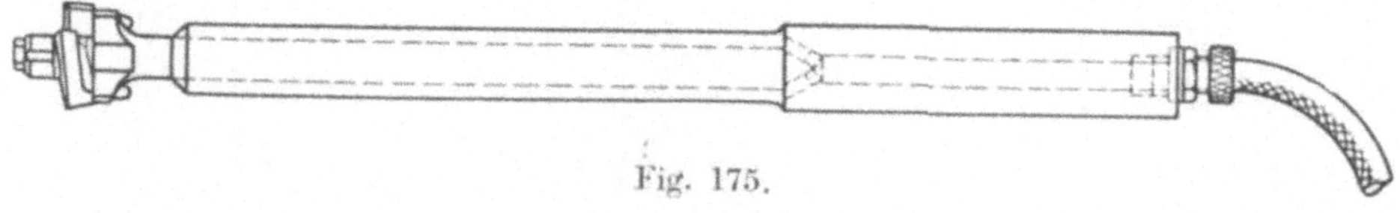

Fig. 175.

J. Verschiedene Senker.

Spitzsenker (Fig. 176) werden für Schraubenkopfsenkungen (Fig. 177) verwendet, und um Löcher zu entgraten. Mit einer Brustleier, auf der eine Kegelhülse befestigt ist, können sie auch von Hand gebraucht werden (Fig. 178).

Fig. 179 zeigt einen Spitzsenker mit Anschlag zum Aussenken von Ventilsitzen.

Der Senker a sitzt auf dem Halter k und wird durch die Mutter o festgehalten. Der Schaft hat einen gehärteten Führungszapfen f. Die Mutter m mit Ring m_1 dient als Anschlag.

Formsenker. Fig. 180 zeigt einen Formsenker mit eingesetztem Bohrer für Revolverdrehbänke und Automaten, wenn mehrere Arbeitsgänge zu einem zusammengefaßt werden müssen. Mit diesem Senker werden Formen in Messing usw. auf einmal eingesenkt (Fig. 181). Ihre Herstellung ist allerdings schwierig, auch müssen sie sehr vorsichtig geschliffen werden, und zwar nur an der Brust, da sich sonst die Form verändert.

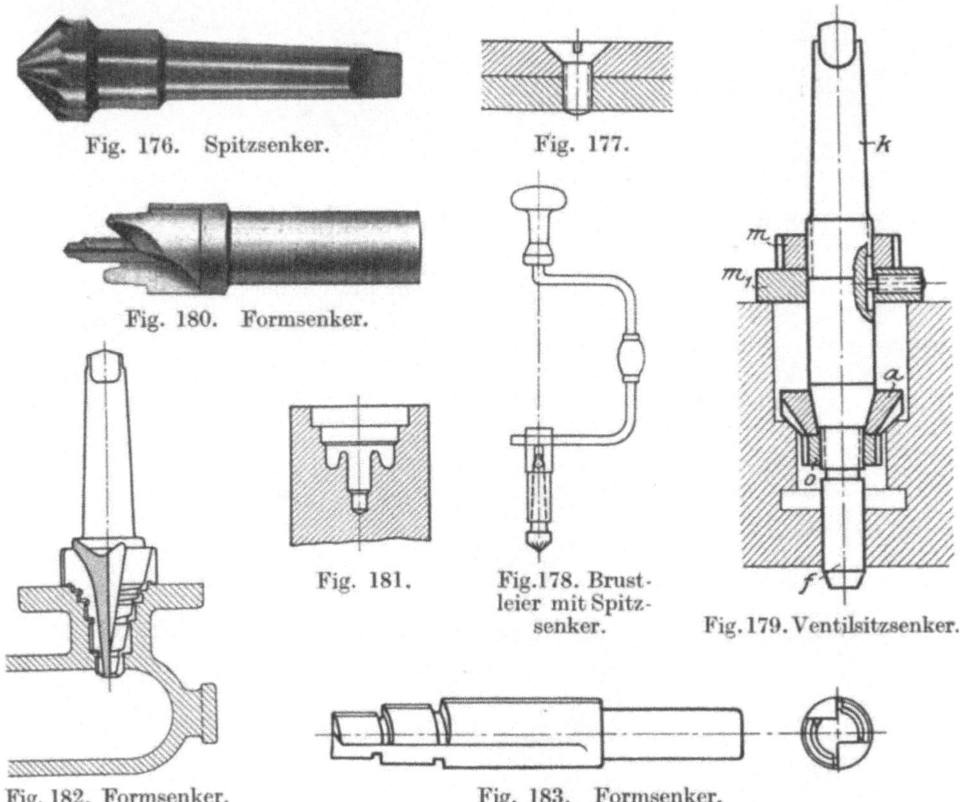

Fig. 176. Spitzsenker.

Fig. 177.

Fig. 180. Formsenker.

Fig. 181.

Fig. 178. Brustleier mit Spitzsenker.

Fig. 179. Ventilsitzsenker.

Fig. 182. Formsenker.

Fig. 183. Formsenker.

In Fig. 182 ist ein anderer Formsenker dargestellt für die Bearbeitung von Armaturen. Ohne dieses Sonderwerkzeug müßten vier Senker mit Führungszapfen verwendet werden, deren Auswechselung unbequem und zeitraubend wäre. Einen weiteren Formsenker, wie er in der Revolverdreherei und bei Automaten häufig benutzt wird, zeigt Fig. 183.

Kesselbodensenker. Dieses Werkzeug (Fig. 184) dient zum Einschneiden von größeren Löchern in Bleche (besonders in Kesselböden zum Einsetzen von Siederohren) und schneidet fast nur mit der Stirn, da die Zylinderflächen außen und innen hinterdreht sind. Dieser Senker zerspant nicht das ganze Material, sondern es werden Scheiben so groß wie sein innerer Durchmesser ausgeschnitten; zerspant wird nur ein ringförmiges Stück von der Breite gleich der Stärke der Zähne. Durch das Hinterdrehen außen und innen wird der Querschnitt jedes

Zahnes nach hinten verjüngt, so daß seitlich die nötigen Anstellungswinkel entstehen. In der Längsrichtung ist der Zahn an der vorderen Fläche überall gleich breit. Das gibt zum Klemmen jedoch kaum Veranlassung, weil die Schnittfläche immer niedrig ist, gleich der Stärke des Bleches. Der Senker wird nur an den Stirnen der Zähne geschliffen, und zwar so, daß ihre Anstellungswinkel vorn erhalten bleiben. Diese Senker (auch Fräser genannt) werden manchmal mit einem Bohrer zusammen gebraucht (Fig. 185); häufiger noch haben sie

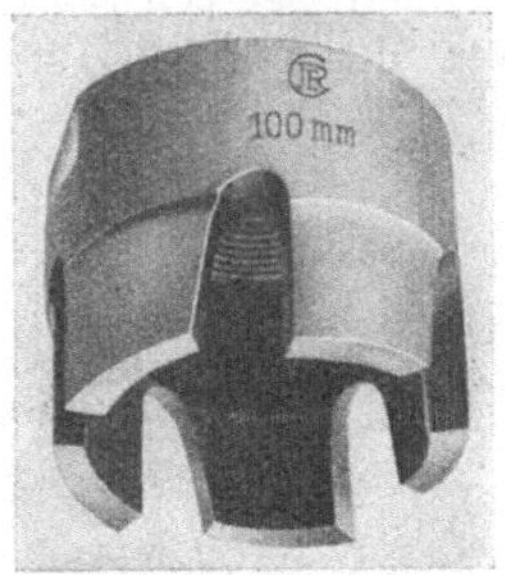

Fig. 184. Kesselbodensenker.

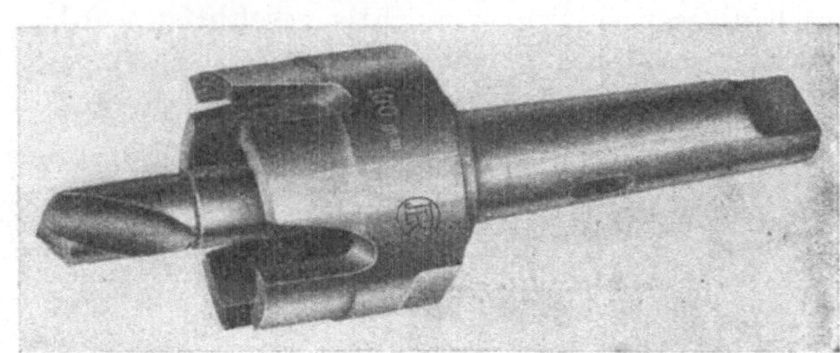

Fig. 185. Kesselbodensenker mit Bohrer.

einen Führungszapfen, der in dem vorher vom Bohrer hergestellten Loch führt. Fig. 186 zeigt den Senker beim Arbeiten. Fig. 187 zeigt einen Kesselbodensenker mit auswechselbaren Schneiden.

Hohlsenker. Zum Ansenken von Zapfen an Federkeilen usw. dient ein Senker nach Fig. 188. Das vorgefräste Arbeitsstück wird in einer Vorrichtung

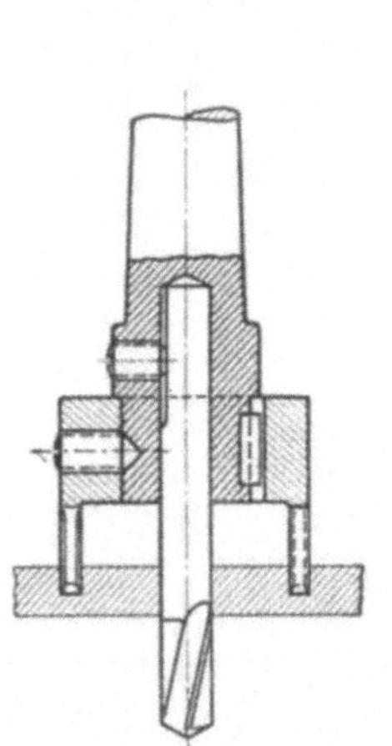

Fig. 186.

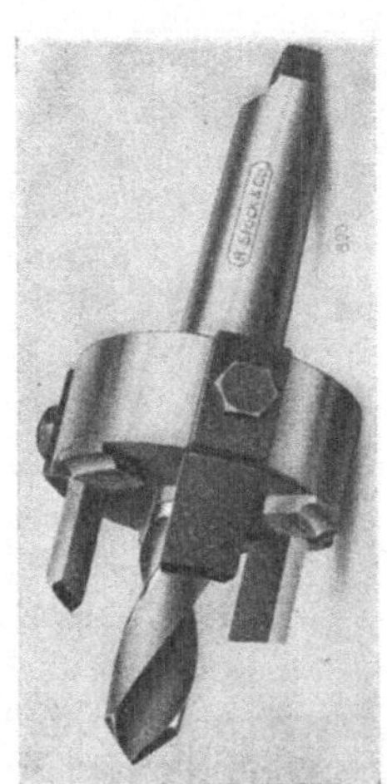

Fig. 187. Kesselbodensenker mit Bohrer.

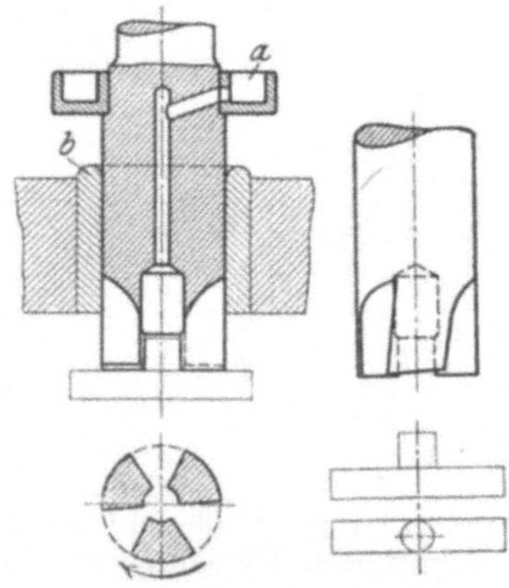

Fig. 188. Hohlsenker.

festgehalten; der Senker führt sich in einer Führungsbüchse b und ist mit einem Ring a für die Kühlflüssigkeit versehen, die zentral dem Arbeitsstück zufließt. Die inneren Schnittflächen sind hinterfräst oder hinterdreht, so daß nur 3 Führungsfasen von etwa 1 mm Breite stehen bleiben. Dieser Senker schneidet bei guter Schmierung sehr gut; geschliffen wird auch er nur an der Stirnfläche.

Druckputzen- und Schraubensenker. Zum Einsenken von Druckputzenlagerungen in Stellmuttern usw. werden Senker (Fig. 189) verwendet. Der Senker darf nicht länger sein als die Bohrung des betreffenden Arbeitsstückes, da er von innen eingeführt werden muß. Er schneidet von unten nach oben und wird in einem Bohrfutter gehalten. Zum Ansenken der Fläche für den Druckputzen an Leisten für Prismaführungen dient ein Senker nach Fig. 190.

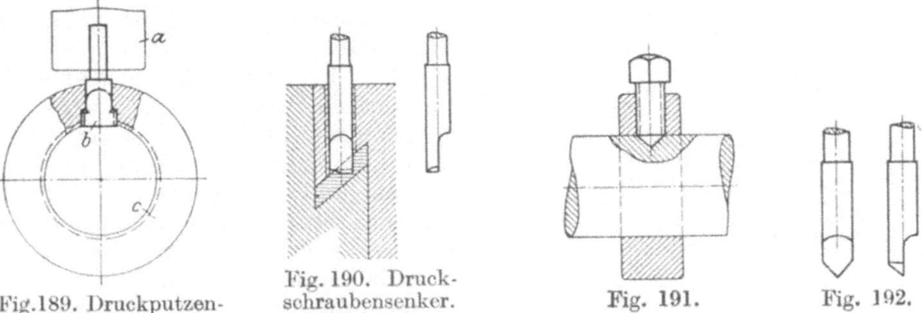

Fig. 189. Druckputzensenker. Fig. 190. Druckschraubensenker. Fig. 191. Fig. 192.

Zum Ansenken von Spitzschrauben (Fig. 191) verwendet man vorteilhaft Senker nach Fig. 192. Die Spitze des Senkers ist unter 90° angedreht und bis zur Hälfte abgeflacht. Der Senker besitzt eine ungefähr 0,5 mm breite Schnittfase, hinter der bis zur Mitte noch eine Abflachung nötig ist, so daß nur ein Viertel des Durchmessers zur Anlage kommt. Diese Senker werden vorteilhaft aus abgebrochenen Spiralbohrern hergestellt.

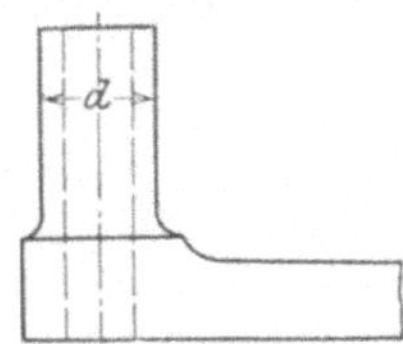

Fig. 193.

Nabensenker. Zum Ansenken von langen Naben unter der Senkrechtbohrmaschine an Hebeln usw. nach Fig. 193, die wegen ihrer Form nicht gut gedreht werden können, werden Senker nach Fig. 194 vorteilhaft verwendet. Durch Auswechseln des Führungszapfens z und Verstellen der Stähle ist der Senker für verschieden große Bohrungen und Nabenstärken verwendbar.

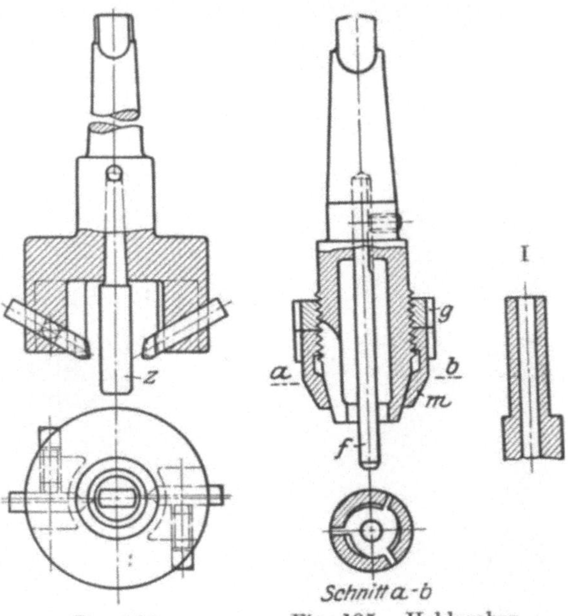

Fig. 194. Fig. 195. Hohlsenker.

Fig. 195 zeigt eine andere Ausführung eines Nabensenkers, besonders für Ventilführungen (Fig. 195 I). Er schneidet nur an der Stirn und ist innen radial hinterdreht. Der Senker ist dreifach geschlitzt und durch eine Überwurfmutter m mit Gegenmutter g nachstellbar. f ist ein Führungszapfen, der sich in der bereits vorgebohrten Ventilführung führt. Durch die geringe Verstellung ist er nur für einen Durchmesser verwendbar.

K. Schleifen der Senkwerkzeuge.

Wie Bohrer und Reibahle die richtige Schärfe haben müssen, so ist das auch bei den Senkern erforderlich und für ihre Leistung, sauberen Schnitt und Genauigkeit von größter Wichtigkeit. Die Senkwerkzeuge werden meist auf Universalscharfschleifmaschinen geschliffen (Fig. 196).

Fig. 196. Scharfschleifmaschine.

Fig. 197 zeigt das Schleifen der Stirnflächen eines Kopfsenkers mit Führungszapfen. Der Senker wird in einen Spitzenapparat aufgenommen und mit der unter entsprechendem Winkel liegenden Schneidkante an einer Tellerscheibe vorbeigeführt (Fig. 198). Durch Umschalten einer Teilscheibe werden die vier Schneidkanten gleichmäßig getroffen. Der Nachteil dieser Senker ist, daß nach öfterem Schleifen der Führungszapfen immer länger wird, ist bereits Seite 38 behandelt.

Das Schleifen der Senker mit eingesetzten Führungszapfen ist bedeutend einfacher. Der Führungszapfen wird entfernt, der Senker im Kegel des Teilapparates eingespannt, so daß jeder Zahn bequem geschliffen werden kann (Fig. 199).

Die Aufstecksenker zum Nabenanschneiden werden nach Fig. 200 und 201 geschliffen. Die Senker werden auf einen Dorn gesteckt und mit einer gewöhnlichen oder einer Topfscheibe sehr bequem geschliffen. Die Mittelachse des Schleifdornes muß von der Schleifscheibenmitte um die Entfernung a beim Schleifen mit gewöhnlichen Schleifscheiben versetzt sein, um den richtigen Schnittwinkel zu erhalten. Der Schnittwinkel beträgt 8—10°.

Eine Zunge dient als Anschlag für das gleichmäßige Schleifen der Zähne. Beim Schleifen der Senker zum Vorschruppen (Fig. 123, Seite 41) wird der Schleifapparat um den entsprechenden Grad schräg gestellt.

Messer für Messerstangen können mit Hilfe einer einfachen Vorrichtung ebenfalls bequem auf der Maschine geschliffen werden. Zuerst wird der Rücken a (Fig. 202) mit einer Topfscheibe geschliffen, wobei das Messer auf einer Platte b aufgespannt wird und in der Nut c anliegt. Die Platte mit dem Messer wird auf der Unterlage e von Hand hin und herbewegt.

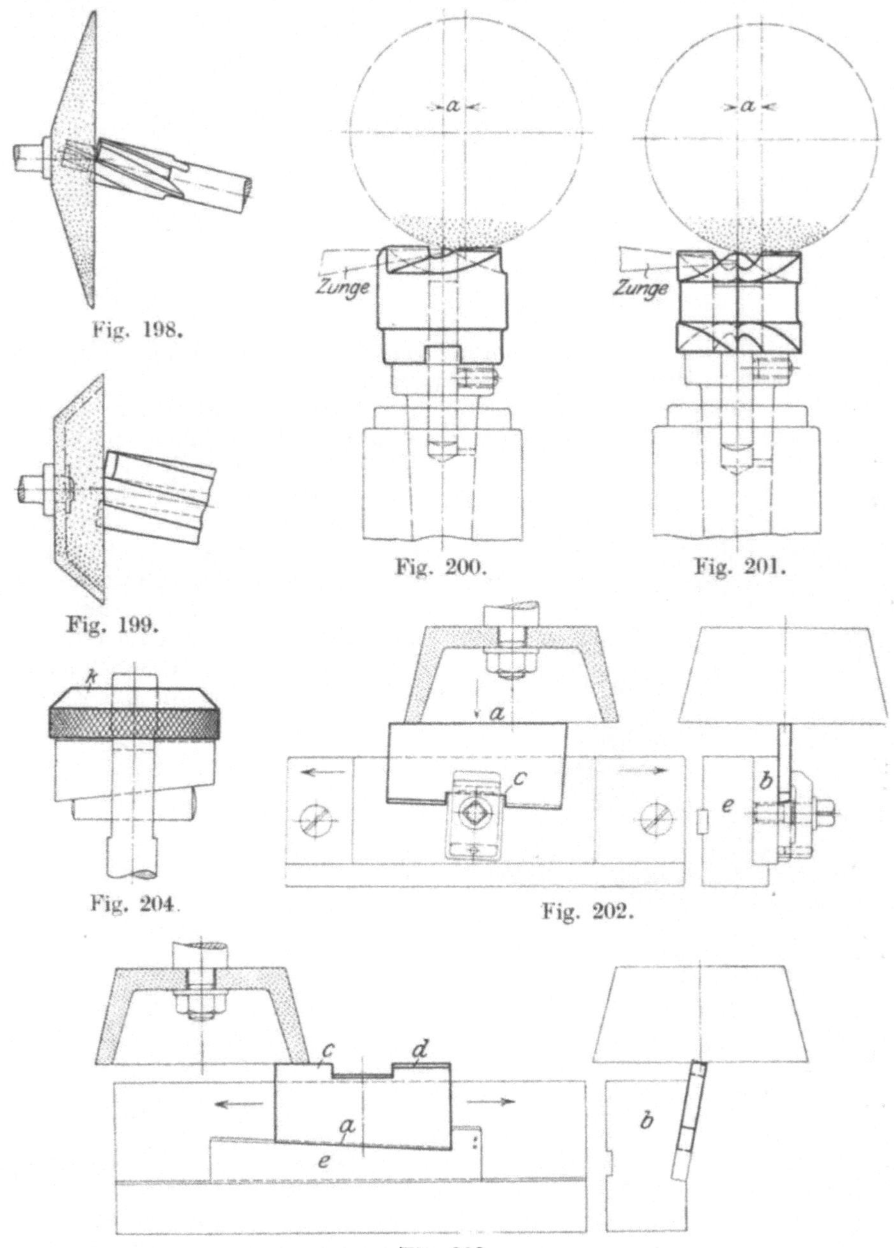

Fig. 198. Fig. 199. Fig. 200. Fig. 201. Fig. 202. Fig. 204.

Fig. 203.

Hinterher werden die Schneiden c und d (Fig. 203) mit einer anderen Aufnahme geschliffen, wobei der Rücken a gegen den Keil e liegt. Der Keil mit dem Messer wird ebenfalls von Hand auf der Unterlage b hin und herbewegt. Nachdem Schneide e geschliffen ist, werden Messer und Keil umgedreht, um Schneide d schleifen zu können.

Die Schneidkanten des Messers müssen nach dem Einsetzen in die Messerstange rechtwinklig zur Achse der Stange stehen. Zur Kontrolle dient ein Ring k

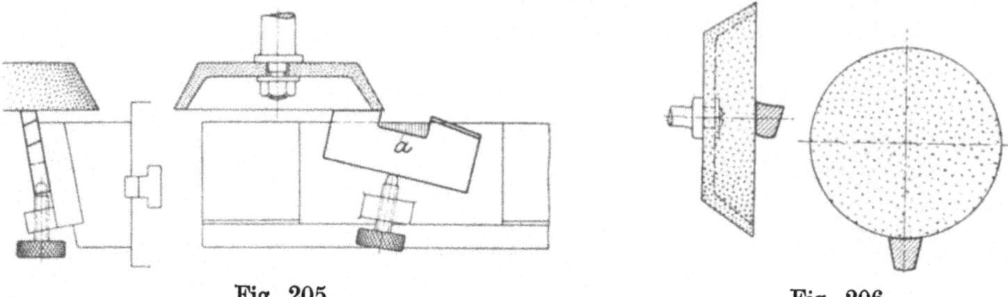

Fig. 205. Fig. 206.

Fig. 204 mit rechtwinklig zur Bohrung gedrehter Fläche. Kleine Unterschiede können mit dem Ölstein ausgeglichen werden.

Schruppmesser werden in ähnlicher Weise geschliffen, nur müssen sie in der Nute a (Fig. 205) aufgenommen werden. Rundstähle nach Fig. 128, Seite 43, werden nach Fig. 206, Spitzsenker nach Fig. 207 geschliffen.

Die Schneidlippen der Spiralsenker bestehen aus Kegelmantelflächen wie die der Spiralbohrer. Drei lippige Spiralsenker sind deshalb auch auf Spiralbohrerschleifmaschinen zu schleifen. Jede der 3 Schneidlippen ist beim Schleifen an die Zunge der

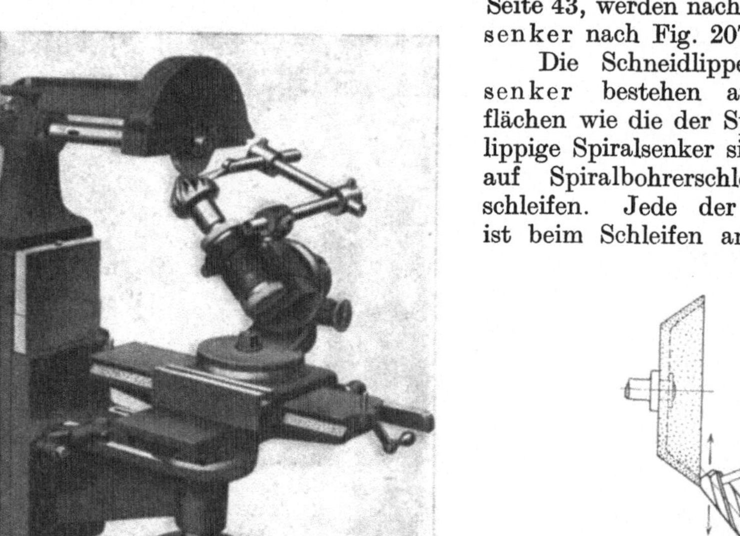

Fig. 207. Schleifen eines Spitzsenkers.

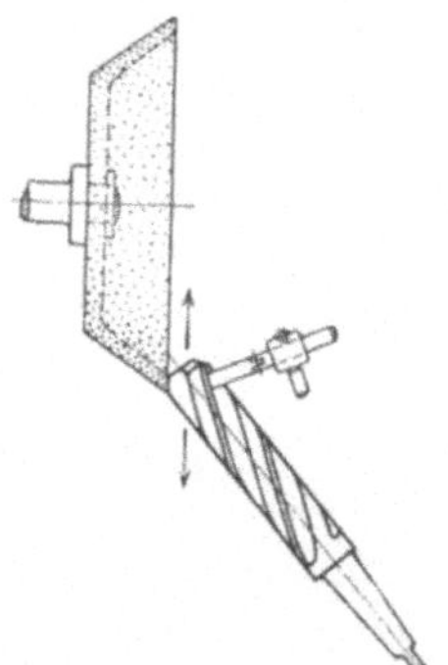

Fig. 208.

Auflage der Spiralbohrerschleifmaschinen anzulegen, um die Schneidlippen gleichmäßig zu bekommen.

Ist keine Spiralbohrerschleifmaschine vorhanden, dann sind die Schneidlippen auf einer gewöhnlichen Schleifmaschine zu schleifen (Fig. 208). Der Senker wird in einer Pinole mit Teilscheibe aufgenommen und jede Schneidlippe gleichmäßig angeschliffen. Nach hinten zu sind die Schneidlippen in diesem Falle von Hand frei zu schleifen, können jedoch auch gleich hinterschliffen werden.

Die Schneidlippen der Aufstecksenker sind ebenfalls Kegelmantelflächen. Sie können jedoch wegen ihrer Kürze und der vier Schneiden nicht auf der Spiralbohrerschleifmaschine geschliffen werden; man benutzt die gewöhnliche Werkzeugschleifmaschine mit Topfscheibe (Fig. 209 u. 210). Da sich zwischen den Lippen keine Nute befindet, muß das Hinterschleifen besonders vorsichtig geschehen, damit die Schleifscheibe den nächstliegenden Schneidzahn nicht verletzt. Der Senker wird auf einem Dorn befestigt, dessen Kegel in einer Pinole mit Teilscheibe aufgenommen wird. Die Teilung kann jedoch auch durch Anlegen der Zähne an eine Zunge erfolgen (Fig. 209 u. 210). Mit der Topfscheibe wird eine schräge Fläche angegriffen, der übrige Teil muß freihändig hinterschliffen werden. Durch freihändiges Schleifen läßt sich jedoch Gleichmäßigkeit und Sauberkeit nicht erzielen, auch bietet das Verfahren selbst bei vorsichtiger Handhabung keinen völligen Schutz gegen Beschädigung des Werkzeuges. Fig. 211 zeigt freihändig geschliffene Senker.

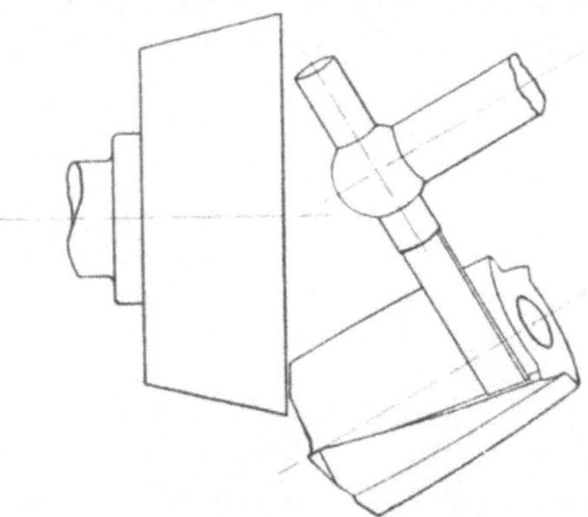

Fig. 209. Schleifen der Aufstecksenker ohne besondere Hilfsmittel.

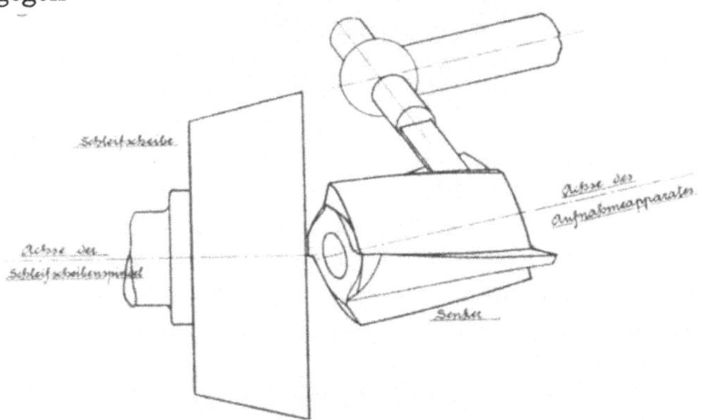

Fig. 210. Schleifen der Aufstecksenker ohne besondere Hilfsmittel.

Um die Kegelmantelfläche der Schneidlippen maschinell und genau schleifen zu können, ist ein besonderer Apparat nötig (Fig. 212 u. 213). Der Senker wird auf einem Dorn befestigt, der sich in einer mit Anschlagscheibe 2 und Teilscheibe 3 versehenen Spindel 1 befindet. Diese ist in der Büchse 4 exzentrisch gelagert und kann entsprechend der Schneidlippenzahl mit Hilfe der Teilkurbel 5 weiter geschaltet werden, und zwar links herum, damit die Schleifscheibe die Schneiden nicht verletzt. Beim Arbeiten wird die Spindel durch Bewegung der Anschlagscheibe 2 in Uhrzeigerrichtung gedreht. Der Hinterschliff wird dadurch erzeugt, daß der in der exzentrisch gelagerten Büchse befindliche Senker eine schwankende Bewegung an der Schleifscheibe ausführt.

Fig. 211. Freihändig geschliffene Aufstecksenker.

Die Drehung wird durch einen mit Feineinstellung versehenen Anschlag begrenzt, damit durch zu weites Drehen der nächste Zahn nicht verletzt wird.

Die Lage der Spindel 1 richtet sich nach dem Spitzenwinkel und dem Hinterschliff des Senkers. Der Spitzenwinkel wird durch den Einstellkopf 6 und der Hinterschliff durch das Drehteil 7 eingestellt. Es muß so eingestellt werden, daß die Schneidlippe rechtwinklig zur Schleifscheibenachse steht (vgl. Fig. 213). Eine Feststellung dient dazu, die Anschlagscheibe beim Bewegen der Teilkurbel an der Drehung zu verhindern. Es ist unbedingt erforderlich, das Konsol, sowie den Schieber 8, den Einstellkopf und das Drehteil festzustellen, da jede Nachgiebigkeit dieser Teile ein sauberes Schleifen verhindert. Fig. 214 zeigt einen mit diesem

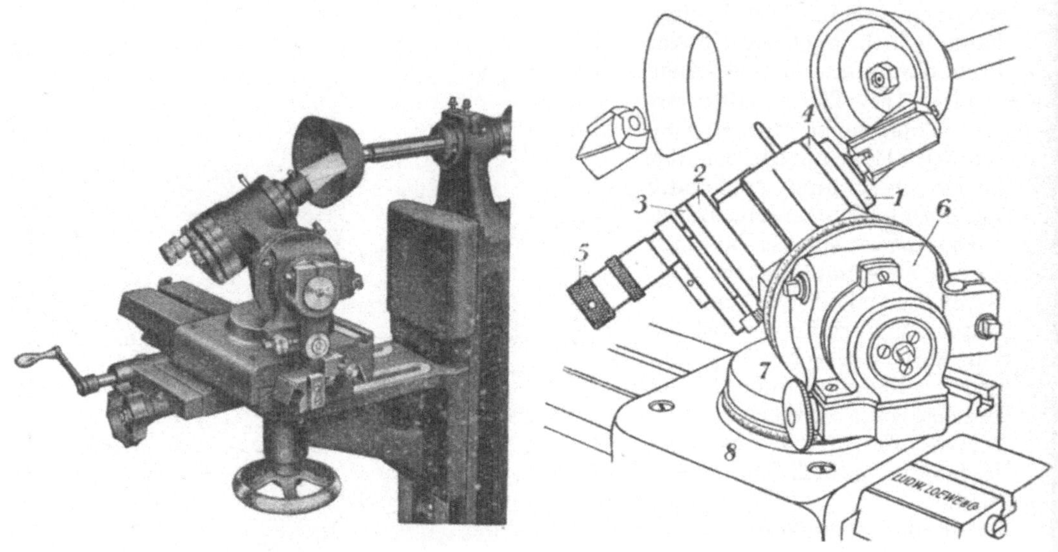

Fig. 212. Fig. 213.

Schleifen der Aufstecksenker mit Sondervorrichtung.

Apparat geschliffenen Senker. Das Schleifen mit diesem Apparat ist bedeutend wirtschaftlicher als das Schleifen von Hand.

L. Spannwerkzeuge und Schmierung.

Spannwerkzeuge. Die Spannwerkzeuge sind dieselben wie die für Bohrer und Reibahlen. Es braucht daher hier nicht näher darauf eingegangen zu werden.

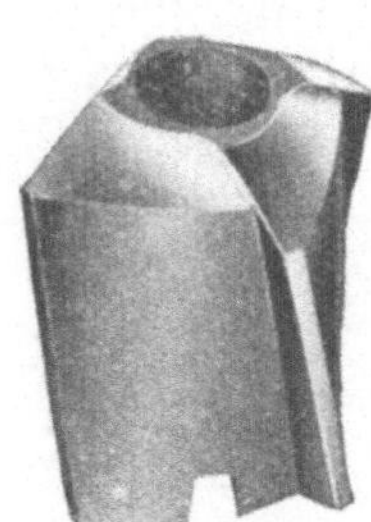

Fig. 214.

Schmierung. Beim Senken von Stahl ist gute Kühlung nötig. Nur Gußeisen wird trocken gesenkt. Schmiermittel (s. „Bohren", Seite 59).

M. Schnittgeschwindigkeit und Vorschub.

Schnittgeschwindigkeit und Vorschub sind bei Spiralsenkern etwa dieselben wie bei Spiralbohrern, doch kann der Vorschub wegen der größeren Zähnezahl eher etwas größer genommen werden. Bei Zapfensenkern ist beides geringer, bei Messerstangen beides bedeutend geringer, da die Messer bei zu hoher Beanspruchung leicht brechen.

Die Tafeln geben brauchbare Werte an.

Tabelle 5.

Schnittgeschwindigkeiten für Senken in Metern für 1 Minute.

Zu bearbeitender Werkstoff		Spiralsenker		Zapfensenker		Messerstange	
		Werkzeugstahl	Schnellstahl	Werkzeugstahl	Schnellstahl	Werkzeugstahl	Schnellstahl
Gußeisen	weich	10	18	8	12	6	9
	mittel	8	15	7	10	5	8
	hart	6	12	6	8	4	6
Maschinenstahl Werkzeugstahl Stahlguß Temperguß Hart-Bronze	weich	10	20	8	14	6	8
	mittel	8	15	7	12	5	6
	hart	5	10	5	8	4	5
Rotguß Messing Aluminium	weich	18	40	15	30	15	30
	mittel	16	35	12	25	12	25
	hart	14	25	10	20	10	20

Tabelle 6.

Vorschübe für Senken in Millimetern für 1 Umdrehung.

Zu bearbeitender Werkstoff	Werkzeug		Bohrungen in mm					
			10—15	16—25	26—40	41—60	61—100	101—200
Stahl Stahlguß Temperguß Hart-Bronze	Spiralsenker	Werkzeugstahl	0,1—0,15	0,15—0,25	0,25—0,35	0,35—0,45	0,45—0,55	—
		Schnellstahl	0,15—0,25	0,25—0,35	0,35—0,45	0,45—0,55	0,55—0,65	—
	Zapfensenker	Werkzeugstahl	0,1	0,1	0,15	0,15	0,2	—
		Schnellstahl	0,1	0,15	0,2	0,2	0,25	—
	Messerstange (Naben abflächen)	Werkzeugstahl	—	0,02	0,025	0,03	0,04	0,04
		Schnellstahl	—	0,02	0,025	0,03	0,04	0,04
Gußeisen Rotguß Messing Aluminium	Spiralsenker	Werkzeugstahl	0,2	0,25	0,3	0,4	0,5	—
		Schnellstahl	0,25	0,3	0,4	0,5	0,7	—
	Zapfensenker	Werkzeugstahl	0,2	0,2	0,2	0,2	0,2	—
		Schnellstahl	0,2	0,2	0,2	0,2	0,2	—
	Messerstange (Naben abflächen)	Werkzeugstahl	—	0,05	0,08	0,1	0,1	0,1
		Schnellstahl	—	0,05	0,08	0,1	0,1	0,1

Folgenden Firmen habe ich für die Überlassung von Bildstöcken zu danken:

Defrieswerke, G. m. b. H., Düsseldorf (Fig. 34).

Ludwig Loewe & Co., Akt.-Ges., Berlin (Fig. 5, 6, 8, 9, 10, 17, 20, 25, 28, 53, 63, 92, 111, 112, 113, 115, 117, 119, 120, 158, 196, 197, 207, 209, 210, 211, 212, 213, 214).

J. E. Reinecker, Chemnitz-Gablenz (Fig. 12).

Schuchardt & Schütte, Berlin (Fig. 1, 11, 27, 75).

R. Stock & Co., Akt.-Ges., Berlin-Marienfelde (Fig. 176, 187).

Werkzeugmaschinenfabrik „Union“, Chemnitz (Fig. 141, 147).

Karl Wetzel, Gera-Reuß (Fig. 142, 144, 145, 146).

WERKSTATTBÜCHER

FÜR BETRIEBSBEAMTE, VOR- UND FACHARBEITER
HERAUSGEGEBEN VON EUGEN SIMON, BERLIN

In Vorbereitung befinden sich:

Technische Winkelmessungen. Von G. Berndt.
Das Gußeisen als Werkstoff. Von Johann Mehrtens.
Festigkeit und Formänderung. Von H. Winkel.
Fräser. Von P. Zieting.
Einrichten von Automaten I. Von K. Sachse.
Einrichten von Automaten II. Von Ph. Kelle, A. Kreil, E. Gothe.
Gesenkschmiede. Von P. H. Schweißguth.
Prüfen und Aufstellen von Werkzeugmaschinen. Von W. Mitan.
Werkzeuge für Revolverbänke. Von K. Sauer.
Einbau und Behandlung der Kugellager. Von H. Behr.
Haupt- und Schaltgetriebe der Werkzeugmaschinen. Von Walther Storck.
Fräsen. Von W. Birtel.
Kaltsägeblätter. Von A. Stotz.
Herstellung der Gewindeschneidwerkzeuge. Von Th. Müller.
Herstellung der Lehren. Von A. Stich.
Beizen und Entrosten. Von Otto Vogel.

Die Werkstattbücher, von Fachleuten geschrieben, haben überall die größte Anerkennung gefunden. Sie bieten beste Betriebspraxis. Bei aller Gründlichkeit sind sie knapp, gemeinverständlich und besonders anschaulich durch viele klare Zeichnungen. Sie sind die beste Hilfe für jeden, der voran will.

Verlag von Julius Springer in Berlin W 9